经典单兵武器鉴赏指南

军情视点 编

金装典藏版

化学工业出版社
·北京·

本书不仅详细介绍了单兵武器的定义及种类,还全面收录了世界各国研制的两百余种单兵武器,包括枪械、爆破武器、冷兵器、弹药等。书中对每种武器的作战性能进行了详细解读,并有详尽的参数表格。

本书不仅是广大青少年朋友学习军事知识的不二选择,也是军事爱好者收藏的绝佳对象。

图书在版编目(CIP)数据

经典单兵武器鉴赏指南:金装典藏版 / 军情视点编.
北京:化学工业出版社,2017.3(2025.4重印)
ISBN 978-7-122-29020-5

Ⅰ. ①经… Ⅱ. ①军… Ⅲ. ①轻武器-世界-指南
Ⅳ. ①E922-62

中国版本图书馆CIP数据核字(2017)第024145号

责任编辑:徐 娟　　　　　　　　　　装帧设计:中海盛嘉
责任校对:边 涛　　　　　　　　　　封面设计:刘丽华

出版发行:化学工业出版社(北京市东城区青年湖南街13号　邮政编码100011)
印　　装:中煤(北京)印务有限公司
710mm×1000mm　1/16　印张18　字数450千字　2025年4月北京第1版第3次印刷

购书咨询:010-64518888　　　　　　　售后服务:010-64518899
网　　址:http://www.cip.com.cn
凡购买本书,如有缺损质量问题,本社销售中心负责调换。

定　价:69.80元　　　　　　　　　　　　　　　版权所有　违者必究

前　言

单兵作战能力除了取决于士兵的训练水平、战术技能、身体素质、精神素质等方面外，单兵武器也是非常关键的一环。虽然两次世界大战给人类留下了惨痛的回忆，但却给单兵武器的发展提供了机遇。在20世纪，各国设计者潜心研发各种武器以提高士兵的作战能力，在这期间，枪械作为作战武器在战争中运用最多最广泛，成为单兵的主战武器。

随着军事技术不断发展，为了满足战场的需要，单兵武器的种类也越来越多，陆续出现了手榴弹、火箭筒、单兵反坦克导弹、单兵防空导弹等威力巨大，杀伤力强，能够反坦克装甲、进行防空作战的爆破武器。人与武器结合得越来越紧密，开始逐渐呈现高度一体化的趋势。

本书不仅详细介绍了单兵武器的定义及种类，还全面收录了世界各国研制的两百余种单兵武器，包括枪械、爆破武器、冷兵器、弹药等，对每种武器都有详细的作战能力介绍，并有详尽的参数表格。通过阅读本书，读者会对单兵作战有一个全面和系统的认识。

作为传播军事知识的科普读物，最重要的就是内容的准确性。本书的相关数据资料均来源于国外知名军事媒体和军工企业官方网站等权威途径，坚决杜绝抄袭拼凑和粗制滥造。在确保准确性的同时，我们还着力增加趣味性和观赏性，尽量做到将复杂的理论知识用简明的语言加以说明，并添加了大量精美的图片。

参加本书编写的有丁念阳、黎勇、王安红、邹鲜、李庆、王楷、黄萍、蓝兵、吴璐、阳晓瑜、余凑巧、余快、任梅、樊凡、卢强、席国忠、席学琼、程小凤、许洪斌、刘健、王勇、黎绍美、刘冬梅、彭光华、邓清梅、何大军、蒋敏、雷洪利、李明连、汪顺敏、夏方平等。在编写过程中，国内多位军事专家对全书内容进行了严格的筛选和审校，使本书更具专业性和权威性，在此一并表示感谢。

由于时间仓促，加之军事资料来源的局限性，书中难免存在疏漏之处，敬请广大读者批评指正。

编者
2016年11月

目录

第1章 单兵武器杂谈　1
单兵武器的定义　2
单兵武器的分类　2
单兵武器的未来发展　5

第2章 主战武器　7
美国 M1911 手枪　8
美国 M9 手枪　10
美国 M45A1 手枪　12
美国 MEU（SOC）手枪　14
美国 "蟒蛇" 手枪　15
德国瓦尔特 PP/PPK 手枪　16
德国瓦尔特 PPQ 手枪　17
德国 HK P7 手枪　19
德国 HK P9 手枪　20
德国 HK USP 手枪　21
德国 HK Mk 23 Mod 0 手枪　22
德国 HK P2000 手枪　24
德国 HK HK45 手枪　26
德国毛瑟 C96 手枪　28
瑞士 SIG Sauer P210 手枪　29
瑞士 SIG Sauer P220 手枪　31
瑞士 SIG Sauer P225 手枪　32
瑞士 SIG Sauer P228 手枪　33
瑞士 SIG Sauer P229 手枪　34
瑞士 SIG Sauer P320 手枪　35
瑞士 SIG Sauer SP2022 手枪　36
比利时 FN 57 手枪　37
比利时 FN M1935 手枪　39
苏联/俄罗斯马卡洛夫 PM 手枪　41
苏联/俄罗斯 PSS 微声手枪　43
俄罗斯 MP-443 手枪　44
奥地利格洛克 17 手枪　46
奥地利格洛克 18 手枪　48
奥地利格洛克 20 手枪　49
奥地利格洛克 27 手枪　50
奥地利格洛克 37 手枪　51
意大利伯莱塔 90TWO 手枪　52
以色列 "沙漠之鹰" 手枪　53
捷克 CZ 83 手枪　55
韩国大宇 K5 手枪　56
美国 M1 半自动步枪　57
美国 M16 突击步枪　59
美国 AR-15 突击步枪　60
美国巴雷特 REC7 突击步枪　62
苏联/俄罗斯 AK-47 突击步枪　63
苏联/俄罗斯 AKM 突击步枪　65
苏联/俄罗斯 AK-74 突击步枪　66
俄罗斯 AK-12 突击步枪　68
俄罗斯 AK-101 突击步枪　69
俄罗斯 AK-102 突击步枪　70
俄罗斯 AK-103 突击步枪　71
俄罗斯 AK-104 突击步枪　72
俄罗斯 SR-3 突击步枪　73
俄罗斯 AN-94 突击步枪　74
德国 HK G3 突击步枪　75
德国 HK G36 突击步枪　77
德国 HK416 突击步枪　79
法国 FAMAS 突击步枪　80
意大利伯莱塔 ARX160 突击步枪　82
比利时 FN FNC 突击步枪　83
比利时 FN F2000 突击步枪　84

目录

名称	页码
比利时 FN SCAR 突击步枪	86
以色列加利尔突击步枪	87
以色列 IWI X95 突击步枪	88
瑞士 SIG SG 550 突击步枪	89
奥地利 AUG 突击步枪	90
南非 CR-21 突击步枪	92
南非 R4 突击步枪	93
克罗地亚 VHS 突击步枪	94
捷克 CZ-805 Bren 突击步枪	95
乌克兰 Fort-221 突击步枪	96
美国巴雷特 M82 狙击步枪	97
美国巴雷特 M107 狙击步枪	98
美国巴雷特 XM500 半自动狙击步枪	99
美国巴雷特 MRAD 狙击步枪	100
美国 M25 轻型狙击手武器系统	101
美国雷明顿 M24 狙击手武器系统	102
美国雷明顿 M40 狙击步枪	103
美国雷明顿 XM2010 增强型狙击步枪	104
美国雷明顿 R11 RSASS 狙击步枪	105
美国雷明顿 MSR 狙击步枪	106
美国阿玛莱特 AR-30 狙击步枪	107
美国阿玛莱特 AR-50 狙击步枪	108
美国奈特 M110 半自动狙击手系统	109
美国奈特 SR-25 半自动狙击步枪	110
美国 SRS 狙击步枪	111
美国 SAM-R 精确射手步枪	112
美国 M39 EMR 精确射手步枪	113
苏联/俄罗斯 SVD 狙击步枪	114
苏联/俄罗斯 SVDK 狙击步枪	115
苏联/俄罗斯 VSS 狙击步枪	116
俄罗斯 SV-98 狙击步枪	117
俄罗斯 SVU 狙击步枪	118
俄罗斯 VSK-94 狙击步枪	119
俄罗斯奥尔西 T-5000 狙击步枪	120
英国 L42A1 狙击步枪	121
英国 PM 狙击步枪	122
英国 AW50 狙击步枪	123
英国 AS50 狙击步枪	124
德国毛瑟 Kar98K 手动步枪	125
德国 HK417 精确射手步枪	126
德国 HK G28 狙击步枪	127
德国 PSG-1 狙击步枪	128
德国 MSG90 狙击步枪	129
德国黑内尔 RS9 狙击步枪	130
法国 FR-F2 狙击步枪	131
奥地利 SSG 04 狙击步枪	132
奥地利 SSG 69 狙击步枪	133
奥地利 Scout 狙击步枪	134
奥地利 HS50 狙击步枪	135
瑞士 SSG 3000 狙击步枪	136
比利时 FN FAL 自动步枪	137
比利时 FN SPR 狙击步枪	138
以色列 SR99 狙击步枪	139
以色列 IWI Dan 狙击步枪	140
南非 NTW-20 狙击步枪	141
波兰 Bor 狙击步枪	142
波兰 Alex 狙击步枪	143
克罗地亚 RT-20 狙击步枪	144
韩国大宇 K14 狙击步枪	145
美国汤普森冲锋枪	146
苏联/俄罗斯 PPSh-41 冲锋枪	148
苏联/俄罗斯 KEDR 冲锋枪	150

目录

俄罗斯 PP-2000 冲锋枪	151
英国斯登冲锋枪	152
英国斯特林 L2A3 冲锋枪	154
德国 MP40 冲锋枪	156
德国 MP5 冲锋枪	158
比利时 FN P90 冲锋枪	159
以色列乌兹冲锋枪	160
意大利伯莱塔 M12 冲锋枪	162
意大利伯奈利 M3 Super 90 霰弹枪	163
意大利伯奈利 M4 Super 90 霰弹枪	164
意大利伯奈利 Nova 霰弹枪	165
美国雷明顿 870 霰弹枪	166
美国雷明顿 1100 霰弹枪	167
美国莫斯伯格 500 霰弹枪	168
美国伊萨卡 37 霰弹枪	169
美国 AA-12 霰弹枪	170
苏联/俄罗斯 KS-23 霰弹枪	171
苏联/俄罗斯 Saiga-12 霰弹枪	172
南非"打击者"霰弹枪	173
韩国 USAS-12 霰弹枪	174
美国 M2 重机枪	175
美国 M60 通用机枪	177
美国 M249 轻机枪	179
德国 MG3 通用机枪	181
德国 HK 21 通用机枪	183
德国 HK MG5 通用机枪	184
苏联/俄罗斯 RPD 轻机枪	185
苏联/俄罗斯 RPK 轻机枪	186
苏联/俄罗斯 PK/PKM 通用机枪	187
俄罗斯 Kord 重机枪	188
俄罗斯 Pecheneg 通用机枪	189

俄罗斯 RPK-16 轻机枪	190
比利时 FN Minimi 轻机枪	191
比利时 FN MAG 通用机枪	192
新加坡 Ultimax 100 轻机枪	193
南非 SS77 通用机枪	194
韩国大宇 K3 轻机枪	195
韩国大宇 K16 通用机枪	196
以色列 Negev 轻机枪	197
法国 AAT-52 通用机枪	199

第3章 爆破武器　　201

美国 M72 LAW 火箭筒	202
美国"巴祖卡"火箭筒	203
苏联/俄罗斯 RPG-29 火箭筒	204
苏联/俄罗斯 RPO-A "大黄蜂"火箭筒	205
俄罗斯/约旦 RPG-32 火箭筒	206
德国"飞拳"地对空火箭筒	207
德国"十字弓"火箭筒	208
德国"铁拳"3 火箭筒	209
德国、新加坡/以色列 MATADOR "斗牛士"火箭筒	210
瑞典 AT-4 火箭筒	211
美国 Mk 2 手榴弹	212
美国 M67 手榴弹	213
美国 M84 闪光弹	214
美国 M18 烟幕弹	215
苏联 RGD-33 手榴弹	216
苏联/俄罗斯 RGD-5 手榴弹	217
苏联/俄罗斯 RG-42 手榴弹	218
苏联/俄罗斯 F-1 手榴弹	219

目录

德国24型柄式手榴弹 220
德国39型卵状手榴弹 221
德国HHL磁性反坦克雷 222
美国M18A1"阔刀"地雷 223
日本99式反坦克手雷 224
美国M2火焰喷射器 225
苏联ROKS-3火焰喷射器 226
德国索罗通S-18/1000反坦克枪 227
美国FGM-148
"标枪"反坦克导弹 228
美国BGM-71
"陶"式反坦克导弹 229
美国FIM-92"毒刺"防空导弹 230
俄罗斯9K333"柳树"防空导弹 231
英国"星光"防空导弹 232
瑞典MBT LAW反坦克导弹 233
意大利GLX160榴弹发射器 234

第4章 冷兵器 235

美国蝴蝶375BK警务战术直刀 236
美国哥伦比亚河Hissatsu战术直刀 238
美国联合兰博战术直刀 239
美国夜魔DOH111隐藏型战术直刀 240
美国斯巴达"司夜女神"NYX
战术直刀 241
美国十字军TCFM02战术直刀 242
美国使命MPT-A2战术直刀 243
美国加勒森MCR战术直刀 244
美国罗宾逊Ex-Files 11战术直刀 245
美国冷钢TAC TANTO战术直刀 246
美国挺进者BNSS战术刀 247

美国戈博LMF Ⅱ Infantry生存刀 248
美国卡巴1217军刀 249
美国M9多功能刺刀 251
美国DPx DPHSF007折刀 253
美国SOG S37匕首 254
南非伯纳德匕首 256
苏联/俄罗斯NRS侦察匕首 257
苏联/俄罗斯AKM多用途刺刀 258
德国波尔
EOD Kilo One Para-Rescue救援刀 259
德国博克
Applegate-Fairbairn战斗靴刀 260
德国LL80伞兵刀 262
美国"幽灵"CLS弓弩 263
美国"隐形者"XLT弓弩 264
英国"野猫"弓弩 266
加拿大"马克思"弓弩 268

第5章 子弹 270

美国春田.30-06子弹 271
美国.45 ACP子弹 272
美国.50 BMG子弹 273
美国5.56×45毫米NATO子弹 274
俄国/苏联/俄罗斯
7.62×54毫米R子弹 275
苏联/俄罗斯
5.45×39毫米子弹 276
德国7.92×33毫米Kurz子弹 277
德国7.92×57毫米毛瑟子弹 278
比利时5.7×28毫米子弹 279

参考文献 280

第1章

单兵武器杂谈

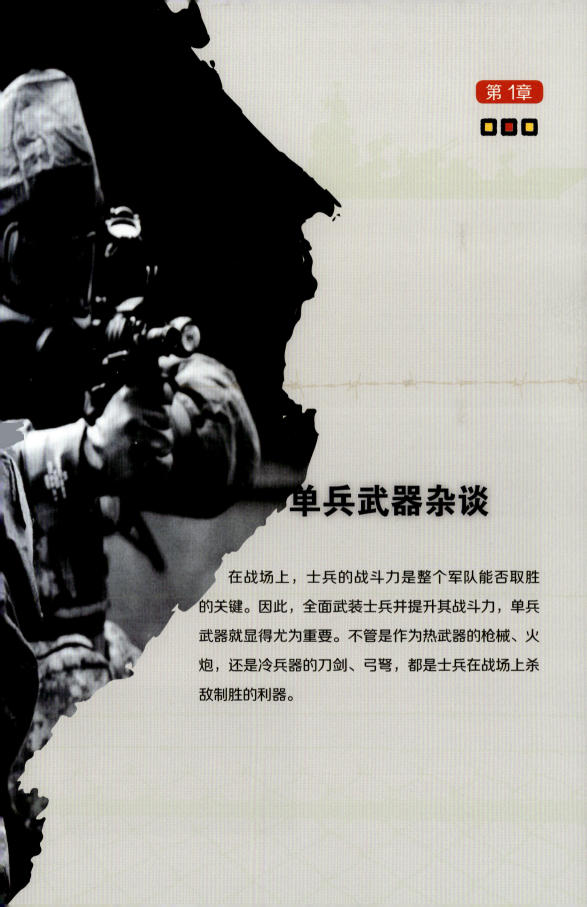

在战场上，士兵的战斗力是整个军队能否取胜的关键。因此，全面武装士兵并提升其战斗力，单兵武器就显得尤为重要。不管是作为热武器的枪械、火炮，还是冷兵器的刀剑、弓弩，都是士兵在战场上杀敌制胜的利器。

★★★ 单兵武器的定义

单兵武器是指单兵就能使用的武器。为了适应士兵的人体生理能力和负荷能力、耐久能力，单兵武器必须在重量、体积、后坐力和携行性等方面可以由一名士兵承受。在冷兵器时代，单兵武器包括刀、枪、剑、戟、矛、盾、盔、甲等。热兵器时代的单兵武器则包括各种枪械、爆破武器、侦察装备、防护装备等，以及部分仍在使用的冷兵器。随着军事技术不断发展，武器因素的重要性也在上升，当今世界许多国家都非常重视单兵武器的研制和装备。

▼ 常用单兵武器（步枪、手枪、刀具）

★★★ 单兵武器的分类

枪械

枪械是指利用火药燃气能量发射子弹，口径低于20毫米以下的身管射击武器。以发射枪弹，打击无防护或弱防护的有生目标为主，是步兵的主要武器，也是其他兵种的辅助武器，在民间更被广泛用于治安警卫、狩猎和体育比赛。

HK45手枪 ▼

枪械按照作战用途又分为手枪、步枪、冲锋枪、霰弹枪、机枪等。

黑色涂装的格洛克17手枪

手枪是单手持的小型枪械,通常为单兵随身携带,用于50米近程内自卫和突然袭击敌人。19世纪末和20世纪初,各式各样的手枪便出现了。由于手枪是枪械中最小的枪,因此手枪在战争中作用并不很大,但它却是单兵不可缺少的武器之一。

两次世界大战期间,各国意识到枪械在战场中的重要性,开始研发各种不同种类的枪械,其中包括左轮手枪、冲锋枪、手动步枪、半自动步枪、自动步枪、狙击步枪及机枪。如1944年出现在战场上的德国7.92毫米StG44突击步枪,特点是火力强大、轻便、在连续射击时亦较机枪容易控制,这是世界上第一种的突击步枪,亦对世界各国枪械的研制产生了重大影响。

越南战争时期,冲锋枪及自动步枪已成为主战武器,像20世纪60年代装备美军的7.62×51毫米M14自动步枪,战时显示大口径子弹不适合用作突击步枪用途,其后开发出著名的小口径M16、苏联亦推出小口径化的AK-74,此时世界各国亦分成北约及华约口径作制式弹药来设计各种枪械。

到了近代,各国仍然在枪械的设计上不断改进,包括改良枪机运作方式,研制新型弹药,加装各种配件等,枪械的质量也渐渐提高。在一些军事科技电影和科幻故事中,甚至出现了采用高技术和新的结构制成的枪械,可见,对于单兵来说,枪械作为主战武器,确实对作战能力有显著的提高。

二战后期出现的StG44突击步枪

士兵在雪地用HK G36进行任务训练

爆破武器

爆破武器是指利用含有爆炸物的弹药进行攻击的武器，通常使用武器发射或投掷等方式接近目标。它既能杀伤有生目标，又能破坏坦克和装甲车辆。

第一次世界大战（以下简称一战）中，由于堑战壕的兴起，手榴弹得到了广泛应用。当时较为典型的手榴弹有德国的柄式手榴弹和英国的"菠萝"手榴弹等。这些手榴弹亦为后来手榴弹的发展奠定了基础。

同样作为爆破武器的火箭筒诞生于第二次世界大战（以下简称二战）期间，是一种发射火箭弹的便携式反坦克武器，由发射筒和火箭弹两部分组成。主要发射火箭破甲弹，也可发射火箭榴弹或其他火箭弹，用于在近距离上打击坦克、步兵战车、装甲人员运输车、装甲车辆、军事器材和摧毁工事。

最早出现的火箭筒是1942年美国装备的60毫米M1式火箭型火箭筒，美军士兵因其很像一种叫"巴祖卡"的喇叭状乐器，即称它为"巴祖卡"。这个俗称后来在欧美成了对火箭筒的习惯称呼。

爆破武器由于质量小、结构简单、价格低廉、使用方便，在历次战争的反坦克作战中发挥了重要作用。

▼MK 2 "菠萝"手榴弹　　　　　手持M1 "巴祖卡"火箭筒的士兵 ▼

冷兵器

冷兵器是指不带有火药、炸药或其他燃烧物，在战斗中直接杀伤敌人，保护自己的近战武器装备。火器时代开始后，冷兵器虽然已不是作战的主要武器，但因具有特殊作用，所以作为单兵的辅助武器，一直沿用至今。军用冷兵器又分为战术刀、刺刀、军刀、弓弩等。在现代战争中，士兵往往需要冷兵器来承担更多任务，因此冷兵器是现代战争中的一把利器。

美国SOG S37匕首 ▲

子弹

子弹也称枪弹，指用枪发射的弹药，由药筒、底火、发射药、弹头构成。子弹是人类发明火药以来与火药有直接关联的抛射物体，于战争时可作为击杀敌人或进行物资破坏最简单的工具。子弹可以说是集合物理学、化学、材料学、空气动力学以及工艺于一身的产物，单兵利用投射能量来进行作战时，子弹确实是不二选择。

单兵武器的未来发展

便携化

单兵武器的特点是必须在重量、体积、后坐力方面可以由一名或多名士兵承受，所以武器的便携性会一直作为未来单兵武器的发展主力。

系统化

将士兵身上的武器形成一个系统，能与士兵融为一体，加入电子化设备为士兵导航、自动控制、自动适应士兵使用习惯等等。

简单化

令武器结构尽量简单，可减少故障率，现在部分武器存在保养维护繁琐而导致使用寿命骤减，尤其是关键部件与易耗部件，因此未来武器要尽量做到保养方法与结构的简单化。除此之外，使用方法的简单也能做到在战场上快速制胜。

电子化

在美国科幻电影中，时常出现超能英雄使用电子武器的镜头，运用电子化能够令武器更加自动，避免人工操作的失误。

机械化

有的军队认为电子化的故障率高，而且遇到EMP(电磁脉冲炸弹)后电子设备会完全毁坏，所以依然希望将武器尽量机械化，完全使用机械传动，不加入任何电子设备。

远程化

单兵武器能尽可能远程攻击敌方，以减少我方伤亡。在要求武器远程化的同时，还要注意精度的问题。就枪械而言，属狙击步枪射程最远，但是一旦射程达到某个距离，精度就随之下降，所以未来武器的发展方向要尽量做到射程与精度的同时提高。

近距离

主要针对巷战等近距离作战研发的武器，因此需要具有灵巧、精确等特点。

载弹量

载弹量主要针对枪械而改进，作战过程中，换弹不仅消耗时间，还会失去先发制人的契机，所以未来枪械载弹量要尽可能大，如今的改进方向主要是改变口径来达到载弹量的提升，但是口径变小会影响枪械的杀伤力，因此未来还需要考虑载弹量与杀伤力的兼容性。

第 2 章

主战武器

枪械属于单兵的主战武器,在战场上以发射枪弹,打击无防护或弱防护的有生目标为主。按照性能及作战用途等方面,枪械又分为手枪、突击步枪、冲锋枪、霰弹枪、狙击步枪和机枪。枪械的有效使用能够全面提高单兵的杀伤力。

美国 M1911 手枪

  M1911是美国在1911年起生产的.45口径半自动手枪，由约翰·勃朗宁设计，推出后立即成为美军的制式手枪并一直维持达74年（1911~1985年）。M1911曾经是美军在战场上常见的武器，在整个服役时期美国共生产了约270万支M1911及M1911A1（不包括盟国授权生产），是历来累积产量最多的自动手枪。M1911系列亦是约翰·勃朗宁以枪管短行程后坐作用原理来设计的著名产品，其特点也影响着其他在20世纪推出的手枪。

  M1911A1的可靠性及美国人对.45口径的情有独钟，令M1911系列在民间市场深受喜爱，广泛用于射靶训练、比赛、个人自卫。甚至是国际实用射击协会（IPSC）也经常见到M1911系列或以其做改进或仿制版本的踪影，民间拥有者也喜欢以订制零件对手枪进行改装，美国市面上亦有多家厂商以M1911为基础来生产不同规格的版本。

英文名称：	M1911
研制国家：	美国
制造厂商：	柯尔特公司等
重要型号：	M1911A1、M1911A2
生产数量：	约270万支
服役时间：	1911年至今
主要用户：	美国军队

Infantry Weapons

基本参数	
口径	11.43毫米
全长	210毫米
枪管长	127毫米
空枪重量	1105克
有效射程	50米
枪口初速	251.46米/秒
弹容量	8发

▲ 军用型M1911A1的分解图片

▼ M1911A1正面特写

美国 M9 手枪

  M9手枪是美军在1990年起装备的制式手枪，由意大利伯莱塔92F（早期型M9）及92FS衍生而成。采用短行程后坐作用原理、单/双动扳机设计，以15发可拆式弹匣供弹。

  M9手枪维修性好、故障率低，据试验：该枪在风沙、尘土、泥浆及水中等恶劣战斗条件下适应性强。2003～2004年，一些报告指出军方购买的M9弹匣在伊拉克使用时出现问题，实际测试后发现问题主要来自经磷酸盐处理的弹匣。目前美军的M9仍会是主要制式手枪，并且在短时间内不会被大规模取代。

英文名称	Beretta M9
研制国家	意大利
制造厂商	伯莱塔公司
重要型号	M9、M9A1
服役时间	1990年至今
主要用户	美国军队

Infantry Weapons

基本参数	
口径	9毫米
全长	217毫米
枪管长	125毫米
空枪重量	969克
有效射程	50米
枪口初速	381米/秒
弹容量	7发、8发

▲ 士兵用M9进行射击训练

▼ M9手枪拆解图

美国 M45A1 手枪

  2010年，柯尔特公司以M1911手枪为蓝本，设计了一款全新手枪——柯尔特磁道炮手枪。柯尔特公司将该枪交予海军陆战队进行测试，测试证明该枪的各项性能符合他们的要求，于是海军陆战队便采用了该枪，并命名为M45A1手枪。

  M45A1手枪是一把全尺寸型号的M1911手枪，装有一根127毫米锻压不锈钢国家比赛等级枪管。底把和套筒都由锻压钢制造。M45A1采用单一的全尺寸型复进簧导杆，以及串联式复进簧组件，因此需要在套筒的前面留下多条锯齿状突起的防滑纹以加强其在强大压力下的抗变形力。M45A1还设有上翘河狸尾状棕榈型隆起底部式握把式保险、柯尔特战术型延长双手拇指通用手动保险、诺瓦克低接口进位型氚光圆点夜间机械瞄具、增强型中空指挥官型风格击锤、三孔式锯齿形表面铝制扳机（军警用型则为无孔式铝制扳机）、调低和扩口式抛壳口。

英文名称：	M45A1
研制国家：	美国
类型：	半自动手枪
制造厂商：	柯尔特公司
枪机种类：	自由枪机
服役时间：	2010年至今
主要用户：	美国海军陆战队

Infantry
Weapons

基本参数	
口径	11.43毫米
全长	215.9毫米
枪管长	127毫米
空枪重量	1034.76克
有效射程	50米
枪口初速	310米/秒
弹容量	7发、8发

▲ 士兵用M45A1对靶子进行瞄准射击

▼ M45A1正面特写

美国 MEU（SOC）手枪

MEU（SOC）手枪是以军方原来发配给部队的柯尔特M1911A1政府型手枪作为设计基础，由位于弗吉尼亚州匡提科镇的美国海军陆战队精确武器工场的工人手工生产的。

MEU（SOC）手枪还安装了一个由纤维材料制成的后坐缓冲器，能够降低后坐感，在速射时尤其有利。但其本身耐用度不高，若缓冲器变成小碎片容易积累在手枪里面导致出现故障。但大多数陆战队员认为这没多大问题，因为在陆战队里面的所有武器都能得到定时和充分的维护。

英文名称：	
Marine Expeditionary Unit（SOC）	
研制国家：美国	
类型：半自动手枪	
制造厂商：	
美国海军陆战队精确武器工场等	
枪机种类：自由枪机	
服役时间：1985年至今	
主要用户：美国	

Infantry Weapons

基本参数	
口径	11.43毫米
全长	209.55毫米
枪管长	127毫米
空枪重量	1105克
有效射程	70米
枪口初速	244米/秒
弹容量	7发

美国"蟒蛇"手枪

在设计"蟒蛇"左轮手枪的时候,柯尔特公司最初的想法是准备把该枪设计为一种加强型底把的9.65毫米口径特种单/双动击发的比赛级左轮手枪,结果由于偶然的决定,最后造就了一支以精度和威力著称的9毫米口径经典转轮手枪。"蟒蛇"是一把双动操作的左轮手枪,兼具弹仓和膛室功能的转动式弹巢可以装载、发射及承受威力及侵彻力强大的.357马格努姆手枪子弹。"蟒蛇"的威力足以在近距离击倒一只猛兽。"蟒蛇"的声誉是来自的准确性、顺畅而且很容易扣下的扳机和较紧密的弹仓闭锁。

"蟒蛇"左轮手枪的扳机在完全扳上时,弹巢会闭锁以便于撞击子弹底火,在弹巢和击锤之间相差的距离较短,使扣下扳机和发射之间的距离缩短,以提高射击精度和速度。由于枪管下面有一直延伸到枪口端面的枪管底部退壳杆保护凸耳、装上瞄准镜的霰弹枪型散热肋条和外观精美而且可拆卸、可调节和可转换的照门,因此"蟒蛇"的外观较其他左轮手枪独特。

英文名称: Colt Python
研制国家: 美国
制造厂商: 柯尔特公司
枪机种类: 双/单动操作扳机
类型: 左轮手枪
服役时间: 1955～2005年
主要用户: 美国

Infantry Weapons

基本参数

口径	9毫米
全长	217毫米
枪管长	125毫米
空枪重量	952克
有效射程	50米
枪口初速	353.56米/秒
弹容量	6发

德国瓦尔特 PP/PPK 手枪

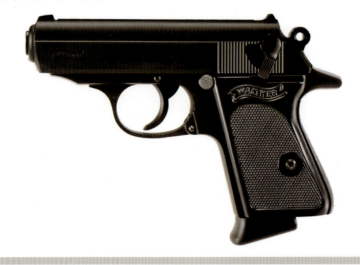

一战之后，瓦尔特公司先后推出了PP手枪、PPK手枪和P38手枪，这三种手枪在二战中被德军广泛使用，成为当时最著名的手枪，瓦尔特公司名噪一时。瓦尔特PP是一种后坐作用操作半自动手枪。瓦尔特PPK是瓦尔特PP的派生型，尺寸略小。

瓦尔特PP/PPK采用自由枪机式工作原理，枪管固定，结构简单，动作可靠；采用外露式击锤，配有机械瞄准具；套筒左右都有保险机柄，套筒座两侧加有塑料制握把护板；弹匣下部有一塑料延伸体，能让射手握得更牢固；两者都使用7.65毫米柯尔特自动手枪弹。

英文名称	Walther PP/PPK
研制国家	德国
类型	半自动手枪
制造厂商	瓦尔特公司
枪机种类	单动/双动
服役时间	1929年至今
主要用户	美国、德国警察部门、英国军队等

Infantry Weapons

基本参数	
口径	9毫米
全长	170毫米
枪管长	98毫米
空枪重量	665克
有效射程	30米
枪口初速	256米/秒
弹容量	8发

德国瓦尔特 PPQ 手枪

瓦尔特PPQ手枪是由瓦尔特公司为民间射击、安全部队和执法机关而设计的。它是一款枪管短行程后坐闭膛式半自动手枪，使用的闭锁系统是从从勃朗宁大威力手枪改进凸轮闭锁系统。底把由玻璃钢增强聚合物材料制造，套筒和其他部件为钢制，所有金属表面都经过镍铁表面处理。

该手枪装有一根使用传统型阳膛和阴膛枪管，子弹通过这种枪管时非常稳定，不会"东倒西歪"。枪管下方的复进簧导杆尾部加装了一个蓝色聚合物帽，这既能减少枪管与复进簧导杆尾部接触位置的摩擦损耗，也能够防止使用者在维护手枪后，安装复进簧导杆时出现如倒装的装置问题。

英文名称	Walther PPQ
研制国家	德国
类型	半自动手枪
制造厂商	瓦尔特公司
枪机种类	自由枪机
服役时间	2011年至今
主要用户	德国执法部门等

Infantry Weapons

基本参数	
口径	9毫米
全长	180毫米
枪管长	102毫米
空枪重量	615克
有效射程	50米
枪口初速	408米/秒
弹容量	10发、15发、17发

▲ PPQ警用任务手枪

▼ 原厂枪盒内的瓦尔特PPQ手枪及其附件

德国 HK P7 手枪

P7手枪是黑克勒-科赫（HK）公司根据警方需求设计的无击锤手枪，现已成为德国警察和军队的制式武器，并为美国等军警部队使用。

P7手枪采用击针平移式双动扳机机构，它的握把前部兼作保险压杆，手握握把，保险杆压下，保险解脱并使得击锤待击；手松握把，手枪恢复到保险状态。P7系列手枪有P7M8、P7M13、P7K3等多种型号。与其他型号不同，P7K3采用自由枪机式工作原理，无气体延迟后坐机构，发射9毫米柯尔特自动手枪弹，并可利用转换装置发射0.22LR枪弹或7.65毫米柯尔特自动手枪弹。

英文名称：	Heckler & Koch P7
研制国家：	德国
类型：	半自动手枪
制造厂商：	HK公司
枪机种类：	气体延迟缓冲
服役时间：	1979～2008年
主要用户：	德国、美国、法国等

Infantry Weapons
★ ★ ★

基本参数	
口径	9毫米
全长	171毫米
枪管长	105毫米
全枪重量	950克
有效射程	50米
枪口初速	351米/秒
弹容量	8发

德国 HK P9 手枪

P9手枪是HK公司于1965年设计的新型自动装填手枪，现已成为德国警察和军队的制式武器，并为美国等军警部队使用。

P9式为单动击发，采用半自由枪机原理，套筒和枪管通过枪机连接，枪机前部有两个滚柱，当枪机推弹进膛后，枪机后半部分继续向前，将滚柱挤入枪管后套上的闭锁凹槽使枪管与套筒闭锁；采用内置式击锤，枪管采用多边形膛线，套筒后端有弹膛存弹指示杆，膛内有弹时拉壳钩也翘起表示膛内有弹。此外，P9式的下枪身从前端到扳机护弓、握把前端的位置是采用高分子聚合物，是历史上首支在握把片以外的枪身结构上采用塑胶材料的手枪。

英文名称：	Heckler & Koch P9
研制国家：	德国
类型：	半自动手枪
制造厂商：	HK公司
枪机种类：	滚轮延迟反冲式
服役时间：	1969年至今
主要用户：	德国、美国

Infantry Weapons
★★★

基本参数	
口径	9毫米
全长	192毫米
枪管长	102毫米
空枪重量	880克
有效射程	50米
枪口初速	350米/秒
弹容量	9发

德国 HK USP 手枪

USP 是HK公司第一支专门为美国市场设计的手枪，主要针对美国民间、执法机构和军事部门的用户。

USP在传统结构的基础上，融进了多项革新，采用经改进的勃朗宁手枪的机构作为基本结构。USP全枪由枪管、套筒、套筒座、复进簧组件和弹匣5个部分组成，共有53个零部件。USP的滑套是以整块高碳钢用工作母机加工而成，表面经过高温并加氮气处理，这种二次硬化处理能加强活动组件的耐磨性。滑套表面经特殊防锈蚀处理，其防锈层深入金属表层，使滑套的防锈性更强。枪管则由铬钢经冷锻制成，其枪管材质与炮管是同等级的。

英文名称：	Heckler & Koch Universal Self-loading Pistol
研制国家：	德国
类型：	半自动手枪
制造厂商：	HK公司
枪机种类：	自由枪机、单/双动
服役时间：	1993年至今
主要用户：	美国

Infantry Weapons
★ ★ ☆

基本参数	
口径	9毫米
全长	194毫米
枪管长	105毫米
全枪重量	780克
有效射程	50米
枪口初速	285米/秒
弹容量	12发、13发、15发

德国 HK Mk 23 Mod 0 手枪

  Mk 23是HK公司根据美国特种作战司令部的要求而研制的进攻型手枪，称为USSOCOM手枪，正式名称为"Mark 23 Mod 0"。军用版本定型后，HK公司推出了Mk 23的民用及执法机关使用型版本，命名为"Mk 23"。Mk 23取消了Mk 23 Mod 0的枪管前端螺纹，套筒字样也由"Mk23 USSOCOM"改为"Mk 23"。2010年7月28日，HK公司停止了Mk 23的生产。

  Mk 23从套筒前方露出一段带螺纹的枪管，便于安装消声器。它的手动保险杆和待击解脱杆分离为两个独立部件，Mk 23的扳机护圈前方有一个螺纹孔可用于固定激光指示器。

英文名称：
Heckler & Koch Mk 23 Mod 0
研制国家： 德国
类型： 半自动手枪
制造厂商： HK公司
枪机种类： 自由枪机、双动
服役时间： 1996年至今
主要用户： 德国、美国、加拿大等

Infantry Weapons
★★☆

基本参数

口径	11.43毫米
全长	421毫米
枪管长	149毫米
全枪重量	1210克
有效射程	20~50米
枪口初速	260米/秒
弹容量	12发

▲ 装有消声器的Mk 23 Mod 0手枪

▼ 黑色涂装的Mk 23 Mod 0手枪

德国 HK P2000 手枪

P2000 是HK公司于2001年研制的半自动手枪，是以紧凑型USP手枪的各种技术作为基础而设计的。主要用于执法机关、准军事和民用市场。目前，P2000正被德国联邦警察、联邦特工和美国海关及边境保卫局（CBP）的成员所用。

P2000枪管由钢材经过冷锻和镀铬工艺制造而来，具有多边形的轮廓。套筒材料是由硝酸渗碳所制成的钢材，十分坚硬。遵循现代手枪的设计趋势，P2000也大量地采用耐高温、耐磨损的聚合物及钢材混合材料以减轻全枪重量和生产成本。

英文名称：	Heckler & Koch P2000
研制国家：	德国
类型：	半自动手枪
制造厂商：	HK公司
枪机种类：	自由枪机
服役时间：	2001年至今
主要用户：	德国、美国、加拿大等

Infantry Weapons
★★☆

基本参数	
口径	9毫米
全长	173毫米
枪管长	93毫米
全枪重量	620克
有效射程	50米
枪口初速	355米/秒
弹容量	10发、12发

▲ P2000及子弹

▼ P2000及弹匣

德国 HK HK45 手枪

HK45 是HK公司于2006年设计和2007年生产的半自动手枪,是HK USP技术的又一次发展,HK公司内同一类型的武器都采用了相同的操作模式和规则。HK 45也是第一种在HK公司位于新罕布什尔州纽因顿镇的新工厂所生产的新武器。

为了适应更小、更符合人体工学的手枪握把,HK 45使用的是容量10发的专用可拆式双排弹匣而不是USP45的12发弹匣。HK45手枪套筒的前后两端都有锯齿状防滑纹,套筒下方、扳机护圈前方的防尘盖整合了一条MIL-STD-1913战术导轨,可用于安装战术灯、激光瞄准器及其他战术配件。多边形枪管的前端有一个O形环,能有效协调套筒和枪管的开闭锁动作,并提高射击精度。

英文名称:	Heckler & Koch HK45
研制国家:	德国
类型:	半自动手枪
制造厂商:	HK公司
枪机种类:	自由枪机
服役时间:	2006年至今
主要用户:	美国、澳大利亚等

Infantry Weapons
★★★

基本参数	
口径	11.43毫米
全长	191.毫米
枪管长	115毫米
全枪重量	785克
有效射程	40~80米
枪口初速	260米/秒
弹容量	10发

▲ HK45C手枪及其弹匣

▼ HK45手枪包装盒及子弹

德国毛瑟 C96 手枪

    C96是毛瑟兵工厂在1896年推出的全自动手枪，由该厂的菲德勒三兄弟利用工作空闲时间设计而来。1895年12月11日，兵工厂的老板为该枪申请了专利，次年正式生产，到1939年停产，前后一共生产了约100万支毛瑟C96，其他国家也仿制了数百万把。

    毛瑟C96手枪由于射程远，装弹量大，射击精度较好，因此在推出之后，就拥有极好的声誉。C96还有一项非常有趣的特色是它的枪套，由于枪套是木制盒子，将其倒装在握柄后，就能立即转变为一枝冲锋枪，成为肩射武器。整支枪没有使用一个螺丝或插销，却做到了所有零件严丝合缝，其构造就算现代手枪也难以做到。

英文名称：	Mauser C96
研制国家：	德国
类型：	全自动手枪
制造厂商：	毛瑟兵工厂
枪机种类：	枪管短行程后坐作用、单动
服役时间：	1899～1961年
主要用户：	德国、芬兰等

Infantry Weapons
★★★

基本参数	
口径	7.63毫米
全长	288毫米
枪管长	140毫米
空枪重量	1130克
有效射程	100米
枪口初速	425米/秒
弹容量	10发

瑞士 SIG Sauer P210 手枪

P210是瑞士工程师查尔斯·彼得（Charles Peter）于20世纪40年代为瑞士军队所设计，由瑞士著名厂商SIG公司生产的单动手枪。其后直至1975年都作为瑞士陆军的制式手枪，丹麦皇家陆军及德国联邦警察亦曾采用。

P210独特之处是它的主要钢制部件由人手车削，其套筒及骨架配套制成，采用高质量的120毫米枪管，加上严格的品质监控，因此，SIG P210的可靠性、准确度、耐用性都比一般手枪为高。P210的枪架、套筒和枪管都是配套制造，各打上相同的号码。这虽给手枪的批量生产带来了困难，但是作为主要提供给射击爱好者和收藏家的手枪，这却是一种难得的特色。

英文名称：SIG Sauer P210
研制国家：瑞士
类型：半自动手枪
制造厂商：SIG公司
枪机种类：自由枪机
服役时间：1949年至今
主要用户：瑞士、德国、丹麦等

Infantry Weapons

基本参数	
口径	9毫米
全长	215毫米
枪管长	120毫米
全枪重量	900克
有效射程	50米
枪口初速	335米/秒
弹容量	8发

▲ P210手枪及弹匣

▼ P210手枪及子弹

瑞士 SIG Sauer P220 手枪

P220手枪是瑞士SIG公司为替代P210而研制的一种质优价廉的军用手枪，于1975年正式装备瑞士部队，编号为M1975，随后日本、丹麦和法国也有装备。

P220采用铝合金底把，冲压套筒，冷锻枪管。枪机利用延迟后坐方式闭锁。在简单工具的帮助下，P220可以通过更换枪管和套筒来射击不同口径的子弹，这也是P220手枪最大的特点。因为该枪稳定可靠，因此设计师没有采用待击解脱柄以外的保险装置，这么做也可以保障在战场上不会延误战机。

英文名称	SIG Sauer P220
研制国家	瑞士
类型	半自动手枪
制造厂商	SIG公司
枪机种类	自由枪机、单/双动
服役时间	1975年至今
主要用户	德国、美国、英国等

Infantry Weapons

基本参数	
口径	9毫米
全长	198毫米
枪管长	112毫米
空枪重量	800克
最大射程	50米
枪口初速	350米/秒
弹容量	9发

瑞士 SIG Sauer P225 手枪

P225手枪是在P220手枪的基础上改进而成的，体积和质量都要比P220手枪小，为瑞士和德国警察部队所装备。

P225手枪的自动方式、闭锁方式、击针锁定结构、待击解脱杆、挂机柄等都同P220手枪基本相似。后加的保险装置可保证手枪在待击状态偶然跌落时也不会意外击发。该保险机构保证只有在扣动扳机时才能实施射击。由于没有手动保险机柄，所以手枪进入射击状态非常迅速。该枪的握把形状和枪重心位置设计得很好，很利于射击控制。

英文名称：	SIG Sauer P225
研制国家：	瑞士
类型：	半自动手枪
制造厂商：	SIG公司
枪机种类：	单动
服役时间：	1978年至今
主要用户：	瑞士、德国等

Infantry Weapons
★★☆

基本参数	
口径	9毫米
全长	180毫米
枪管长	98毫米
空枪重量	740克
最大射程	50米
枪口初速	340米/秒
弹容量	9发

瑞士 SIG Sauer P228 手枪

P228手枪是P226的紧凑型，其尺寸比P226小一些。为了能进一步缩小全枪外形，P228将弹匣容量也进行了削减，改为了13发的弹容。

P228的人体工程学非常好。握把形状的设计无论对手掌大小的射手来说都很舒服，而且指向性极好。双动板机也很舒适，即使是手掌较小的射手也很能舒适地操作，而单动射击时感觉更佳。另外又把原P226握把侧片上的方格防滑纹改为不规则的凸粒防滑纹，使P228的握把手感非常舒适。所以后来生产的P226也改用了类似P228的握把设计。

英文名称：	SIG Sauer P228
研制国家：	瑞士
类型：	半自动手枪
制造厂商：	SIG公司
枪机种类：	自由枪机
服役时间：	1988年至今
主要用户：	德国、法国、英国等

Infantry Weapons

基本参数	
口径	9毫米
全长	180毫米
枪管长	98毫米
空枪重量	830克
有效射程	50米
枪口初速	340米/秒
弹容量	10发、13发、15发

瑞士 SIG Sauer P229 手枪

P229是一款大口径手枪，经过多次改进之后，现在是一款性能非常可靠的手枪。P229与P228外形上非常接近，只是枪管略有不同，P229的弹夹容量也比P228少1发（12发），P229弹匣的底部比P228略宽，所以两种弹匣不可互换。

P229继承了P228的制作工艺，筒套采用冲压加工，在.40大口径弹药的作用下，此种工艺成型的钢无法承受膛内压力，因而发生破裂。采用机削加工，可以解决此问题。因为美国拥有较好的机削加工技术，且大口径手枪在美国拥有大量市场，继而销往美洲的P229筒套后都由美国生产。所以市场上大多数P229筒套用美国不锈钢，枪架用德国铝合金。

英文名称	SIG Sauer P229
研制国家	瑞士
类型	半自动手枪
制造厂商	SIG公司
枪机种类	自由枪机
服役时间	1992年至今
主要用户	英国、美国等

Infantry Weapons
★ ★ ☆

基本参数	
口径	9毫米
全长	180毫米
枪管长	98毫米
空枪重量	905克
有效射程	50米
枪口初速	340米/秒
弹容量	15发

瑞士 SIG Sauer P320 手枪

SIG Sauer P320手枪是一种采用短行程后坐作用和闭锁式枪机运作的半自动手枪，可发射多种口径的手枪弹，包括9×19毫米帕拉贝鲁姆、.357 SIG（9×22毫米）、.40 S&W（10×22毫米）和.45 ACP（11.43×23毫米）等。2017年1月，该枪在美国陆军的XM17模组化手枪系统招标中胜出，其特制改良版本将会成为M17（全尺寸型）和M18手枪（紧凑型），并将在未来取代所有M9手枪。

SIG Sauer P320手枪的一个显著特点是其模块化设计，允许射手根据需要更换不同的枪管、套筒、握把和弹匣，以适应不同的手型和任务需求。该枪采用平移式击针代替了传统的回转式击锤，提高了击发的安全性和可靠性。该枪没有手动保险装置，但配备了自动击针保险，减少了意外走火的风险。

英文名称：SIG Sauer P320
研制国家：瑞士
类型：半自动手枪
制造厂商：SIG公司
枪机种类： 枪管短行程后坐作用、双动
服役时间：2014年至今
主要用户： 美国、澳大利亚、加拿大、丹麦等

Infantry Weapons
★ ★ ★

基本参数	
口径	9毫米、10毫米、11.43毫米
全长	203毫米
枪管长	120毫米
空枪重量	833克
有效射程	25米
枪口初速	365米/秒
弹容量	10发、14发、17发、21发、32发

瑞士 SIG Sauer SP2022 手枪

SP2022手枪是1991年以SP2340/SP2009手枪改进而来,是瑞士SIG公司SP系列手枪的最新型。

SP2022手枪继承了P220系列手枪的工作原理及基本结构,并在设计上有所创新和改进,从而使该枪具有结构紧凑、牢固、安全性良好和操作简便等特点。该枪配用15发容弹量的直弹匣,射手可以根据弹匣侧面13个数字观察剩余弹数,其排列与格洛克手枪弹匣类似。弹匣底座有长底座与短底座两种,后者与P229手枪的弹匣相似,适宜隐蔽携枪时配用。

英文名称:	SIG Sauer SP2022
研制国家:	瑞士
类型:	半自动手枪
制造厂商:	SIG公司
枪机种类:	自由枪机
服役时间:	1991年至今
主要用户:	瑞士、美国等

Infantry Weapons
★ ★ ☆

基本参数	
口径	9毫米
全长	187毫米
枪管长	98毫米
空枪重量	715克
有效射程	50米
枪口初速	390米/秒
弹容量	15发

比利时 FN 57 手枪

FN 57手枪是比利时国营赫斯塔尔（FN）公司为了推广SS190弹而研制的半自动手枪，主要用于特种部队和执法部门。

FN 57手枪是一种半自动手枪，采用枪机延迟式后坐、非刚性闭锁、回转式击锤击发等设计。该枪首次在手枪套筒上成功采用钢-塑料复合结构，支架用钢板冲压成形，击针室用机械加工，用固定销固定在支架上，外面覆上高强度工程塑料，表面再经过磷化处理。

针对美国市场，FN公司还把FN 57手枪分成两种型号——USG型和IOM型。IOM型（Individual Officer Model，官员个人型）供执法机构或军事人员使用；USG型（United States Government，美国政府型）则是供美国的执法部门或平民使用。

英文名称：	FN Five-seven
研制国家：	比利时
类型：	半自动手枪
制造厂商：	FN公司
枪机种类：	后吹式延迟闭锁枪机
服役时间：	2000年至今
主要用户：	比利时、美国、英国等

Infantry Weapons
★ ★ ★

基本参数	
口径	5.7毫米
全长	208毫米
枪管长	122毫米
全枪重量	744克
有效射程	50米
枪口初速	716米/秒
弹容量	10发、15发、30发

▲ FN 57手枪及子弹

▼ FN 57手枪及弹匣

比利时 FN M1935 手枪

比利时FN公司的M1935手枪是世界上最著名的手枪之一，由于最初在1935年推出，也被称为"勃朗宁HP35"或勃朗宁"大威力"手枪。该枪曾被多个国家的军警所装备，也受到许多枪械收藏家的喜爱。

M1935是一支纯粹的常规单动型军用自动手枪，采用枪管短后坐式工作原理，枪管偏移式闭锁机构，回转式击锤击发方式，带有空仓挂机和手动保险机构。全枪结构简单、坚固耐用。M1935采用与M1911相同的轴式抽壳钩，它与击针一起被击针限制板限制并固定在套筒上。阻铁杠杆轴的形状比较复杂，由带有一粗一细两个突轴的腰形板组成，细轴用于与阻铁杠杆配合，使后者能够可靠地旋转；粗轴上带有一个缺口，刚好卡在抽壳钩上并被抽壳钩限制住，使得阻铁杠杆轴不会从套筒上脱落。

英文名称：FN M1935
研制国家：比利时
类型：半自动手枪
制造厂商：FN公司
枪机种类：自由枪机、单动
服役时间：1935年至今
主要用户：比利时、荷兰、美国等

Infantry Weapons ★★★

基本参数	
口径	9毫米
全长	197毫米
枪管长	118毫米
空枪重量	900克
有效射程	50米
枪口初速	335米/秒
弹容量	10发

▲ M1935手枪及弹匣

▼ M1935手枪侧方特写

苏联/俄罗斯马卡洛夫 PM 手枪

马卡洛夫PM手枪由尼古拉·马卡洛夫设计,20世纪50年代初成为苏联军队的制式手枪,1991年开始逐渐退出现役,但目前仍在俄罗斯和其他许多国家的军队及执法部门中被大量使用。

马卡洛夫PM手枪为一种使用固定枪体连枪管和直接反冲作用运作的中型手枪。在反冲作用设计当中,唯一会使滑套闭锁的就只有复进簧。而在射击过程当中,其枪管和滑套并不需闭锁。反冲作用为一种简单的作动方式,它亦比起许多使用后坐式、倾斜式和铰接式枪管设计的手枪有着更高的精确度,然而由于滑套重量较高,所以亦有所限制。

英文名称:	Makarov pistol
研制国家:	苏联
类型:	半自动手枪
制造厂商:	伊热夫斯克兵工厂
枪机种类:	单/双动式板机
服役时间:	1951年至今
主要用户:	苏联、俄罗斯

Infantry Weapons
★★☆

基本参数	
口径	9毫米
全长	161毫米
枪管长	93.5毫米
空枪重量	730克
有效射程	50米
枪口初速	315米/秒
弹容量	8发

▲ 击发中的马卡洛夫PM手枪

▼ 手持马卡洛夫PM手枪的士兵

苏联/俄罗斯 PSS 微声手枪

PSS手枪是专门针对克格勃的特工和苏联陆军中的特种部队而特别研制的。该枪于1983年被正式采用,并取代了MSP手枪和S4M手枪两种过时且火力不足的特种武器。

PSS手枪采用反冲作用运作,板机为双动式设计,发射的弹药为苏联研制的7.62×42毫米SP-4型无音弹,并能有效地配合其发射机制以进行无声射击,更能够有效地抑制枪口焰和烟雾从枪口里冒出。其弹匣容量为6发,有效射程为25米。PSS手枪曾经被克格勃采用过。在苏联解体后则转交给俄罗斯境内的执法部门和特种部队使用。

英文名称：PSS
研制国家：苏联
类型：半自动手枪
制造厂商: 中央精密机械工程研究院
枪机种类：反冲作用、双动式
服役时间：1983年至今
主要用户：苏联、俄罗斯、乌克兰

Infantry Weapons
★ ★ ☆

基本参数	
口径	7.62毫米
全长	165毫米
枪管长	35毫米
空枪重量	700克
有效射程	25米
枪口初速	331米/秒
弹容量	6发

俄罗斯 MP-443 手枪

　　MP-443 是一把由俄罗斯联邦枪械设计师弗拉基米尔·亚雷金领导的设计团队研制、先后由枪械制造商伊兹玛什公司和与其合并的卡拉什尼科夫集团所生产的半自动手枪，亦是最新型俄罗斯军用制式手枪之一，发射多种 9×19 毫米鲁格弹，包括俄罗斯所研制的 7N21 高压子弹。

　　MP-443 可单动发射也可双动式发射。在握把上方左右两侧成对配置手动保险杆，左右手均可操作。手动保险杆推向上方位置为保险状态，不仅锁住扳机和阻铁，也锁住击锤和套筒。枪管后端装有卡铁，该卡铁为一独立件，便于加工。复进簧导杆与空仓挂机轴装在枪管后端的下方，空仓挂机扳把设在套筒左侧。

英文名称：	MP-443
研制国家：	俄罗斯
类型：	半自动手枪
制造厂商：	伊兹玛什公司
枪机种类：	自由枪机
服役时间：	2003年至今
主要用户：	俄罗斯

Infantry Weapons
★★☆

基本参数	
口径	9毫米
全长	198毫米
枪管长	112.5毫米
空枪重量	950克
有效射程	50米
枪口初速	465米/秒
弹容量	10发、17发

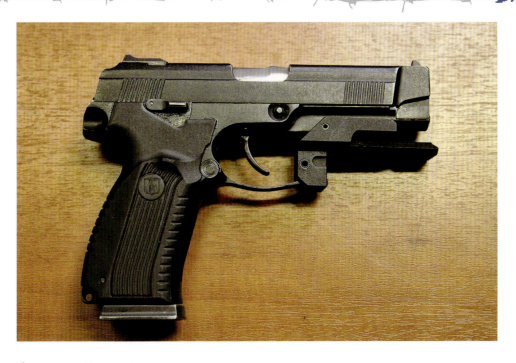

▲ MP-443手枪正面特写

▼ MP-443手枪侧方特写

奥地利格洛克 17 手枪

格洛克17手枪是奥地利格洛克公司研制的一款半自动手枪。该枪于1980年开始研制，并于1983年成为奥地利陆军的制式手枪，用来取代其装备已久的瓦尔特P38手枪。

格洛克17手枪的外形简洁，其握把和枪管轴线的夹角极大，其设计在实战中非常实用，既便于携带，又能在遭遇战中快速瞄准射击。格洛克17手枪还采用了双扳机设计，在预扣扳机5毫米行程时，被锁定的击针解锁，手枪呈待击发状态，这时候只需要再扣2.5毫米形成即可射击，而且，该手枪的扳机力度可以在19.6～39.2牛顿之间进行调整。除了能够快速投入使用之外，该设计还相当于给那些忘记给手枪上保险的人上了一套自动保险。

英文名称：	Glock 17
研制国家：	奥地利
类型：	半自动手枪
制造厂商：	格洛克公司
枪机种类：	自由枪机
服役时间：	1982年至今
主要用户：	英国、奥地利、澳大利亚等

Infantry Weapons

基本参数	
口径	9毫米
全长	202毫米
枪管长	144毫米
空枪重量	625克
有效射程	50米
枪口初速	375米/秒
弹容量	10发、17发、19发、31发、33发

第 2 章 主战武器

▲ 格洛克17手枪反面特写

▼ 格洛克17手枪正面特写

奥地利格洛克 18 手枪

格洛克18手枪是在奥地利格洛克17半自动手枪上改进而来的一款全自动手枪。该枪和格洛克17半自动手枪一样使用9毫米鲁格弹，但是和格洛克17相比，该枪新增了全自动模式，可以选择单发或者连发射击，在使用连发射击时，射速可以高达1200发/分钟，几乎可以和冲锋枪相媲美。

由于格洛克18自动手枪的火力极强，所以为了防止意外走火伤人，该枪采用了安全行程保险机构，通常情况下，撞针只会处于待发状态下的1/3位置，在扣动扳机时会引导撞针进入待发状态并同时击发。

英文名称：	Glock 18
研制国家：	奥地利
类型：	全自动手枪
制造厂商：	格洛克公司
枪机种类：	自由枪机
服役时间：	1983年至今
主要用户：	奥地利、意大利、美国等

Infantry Weapons

基本参数	
口径	9毫米
全长	186毫米
枪管长	114毫米
空枪重量	620克
有效射程	50米
枪口初速	360米/秒
弹容量	17发、31发、33发

奥地利格洛克 20 手枪

格洛克20是奥地利格洛克公司在格洛克17半自动手枪上研发的10毫米口径型号半自动手枪，主要针对美国安全机构和军事部门而设计，于1991年开始生产。格洛克20的性能优秀，而且威力强大，有多重类型的衍生型号。

格洛克20虽然是在格洛克17的基础上发展而成，但是二者的零部件并不能完全通用，只有大约50%可以更换使用。在2009年时，格洛克公司还宣布提供一种长度为152毫米的枪管作为选择。

| 英文名称：Glock 20 |
| 研制国家：奥地利 |
| 类型：半自动手枪 |
| 制造厂商：格洛克公司 |
| 枪机种类：自由枪机 |
| 服役时间：1991年至今 |
| 主要用户：澳大利亚、美国等 |

Infantry Weapons

基本参数	
口径	10毫米
全长	193毫米
枪管长	117毫米
空枪重量	785克
有效射程	50米
枪口初速	380米/秒
弹容量	15发

奥地利格洛克 27 手枪

格洛克27是由奥地利格洛克公司设计及生产的手枪，经历了四次修正版本，最新的版本称为第四代格洛克27。第四代会在套筒上型号位置加上"Gen4"以兹识别。

2011年开始，新推出的格洛克27为了大大提高人机工效，采用了与第四代格洛克17相同的新纹理，握把由粗糙表面改凹陷表面，而握把略为缩小，且由不能更换改为可以更换握把片（分别是中形和大形，亦可以不装上握把片直接使用），以调整握把尺寸，更适合不同的手形。亦有经改进的弹匣设计，以便左右手皆可以直接按下加大化的弹匣卡榫以更换弹匣，还可以与旧式弹匣共用，但只可以右手按下弹匣卡榫以更换弹匣。

英文名称：	Glock 27
研制国家：	奥地利
类型：	半自动手枪
制造厂商：	格洛克公司
枪机种类：	自由枪机
服役时间：	1996年至今
主要用户：	澳大利亚、加拿大等

Infantry Weapons

基本参数	
口径	10毫米
全长	163毫米
枪管长	87毫米
空枪重量	560克
有效射程	50米
枪口初速	375米/秒
弹容量	9发、11发、13发、15发、17发

奥地利格洛克 37 手枪

格洛克37是由奥地利格洛克公司设计及生产的手枪,是格洛克21式的改进型,于2003年第一次亮相。

格洛克公司以往推出的手枪有着重量轻的特点,所以在一定程度上有后坐力较大的缺点。在使用较小口径时,后坐力问题并不突出。但是在使用11.43毫米口径时后坐力明显偏大。格洛克37采用了更宽、更斜面的套筒,更大的枪管和不同的弹匣,而在其他方面则类似于格洛克17。格洛克37被设计为提供与.45 ACP相媲美的弹道性能和格洛克17的枪身尺寸,同时解决.45口径在枪身较轻的格洛克枪机上造成的后坐力问题。

英文名称:	Glock 37
研制国家:	奥地利
类型:	半自动手枪
制造厂商:	格洛克公司
枪机种类:	自由枪机
服役时间:	2003年至今
主要用户:	美国警察单位

Infantry Weapons

基本参数	
口径	11.43毫米
全长	201毫米
枪管长	114毫米
空枪重量	820克
有效射程	50米
枪口初速	320米/秒
弹容量	10发

意大利伯莱塔 90TWO 手枪

90TWO手枪是伯莱塔公司在继承M92FS手枪"血统"的前提下，进行全新设计的最新产品。该手枪的设计极为出色，在突出新一代手枪塑料套筒座外观特征的同时，伯莱塔公司对M92FS手枪进行了巧妙地升级。

伯莱塔公司对90TWO手枪的外形线条进行前卫设计的同时，非常重视人机工效，考虑到收枪和掏枪时的动作，特意采用带有弧度的轮廓，并重新恢复了M92SB手枪的弧线形扳机护圈。90TWO手枪外观设计中的另一个看点在于导轨护套。采用导轨护套的目的是在遭意外撞击时保护导轨，同时还有隐藏导轨部分，调整整体平衡的目的。

英文名称：	Beretta 90TWO
研制国家：	意大利
类型：	半自动手枪
制造厂商：	伯莱塔公司
枪机种类：	自由枪机
服役时间：	2006年至今
主要用户：	意大利、美国等

Infantry Weapons
★ ★ ☆

基本参数	
口径	9毫米
全长	217毫米
枪管长	125毫米
空枪重量	921克
有效射程	50米
枪口初速	381米/秒
弹容量	10发

以色列"沙漠之鹰"手枪

"沙漠之鹰"是以色列军事工业（IMI）研制的以威力巨大著称的手枪。由于该枪在射击时所产生的高噪音导致军、警方拒绝采用，又因其贯穿力强，甚至能穿透轻质隔墙，因此"沙漠之鹰"目前仅少量的用于竞技、狩猎和自卫。

"沙漠之鹰"手枪的闭锁式枪机与M16突击步枪系列的步枪十分相似。气动的优点在于它能够使用比传统手枪威力更大的子弹，这使得"沙漠之鹰"手枪能和使用马格努姆子弹的左轮手枪竞争。枪管采固定式固定于枪管座上，在近枪口处和膛室下方跟枪身连接。由于枪管在射击时并不会移动，理论上有助于射击的准确度。因枪管为固定式，并在顶部有瞄准镜安装导轨，使用者可自行加装瞄准设备。套筒两侧均有保险机柄，枪支可左右手操作。

英文名称：	Desert Eagle
研制国家：	以色列
类型：	半自动手枪
制造厂商：	IMI
枪机种类：	气动式
服役时间：	1982年至今
主要用户：	美国、波兰等

Infantry Weapons
★ ★ ★

基本参数	
口径	12.7毫米
全长	267毫米
枪管长	152毫米
空枪重量	1360克
有效射程	200米
枪口初速	402米/秒
弹容量	9发

▲ 换装了连手指凹槽握把的"沙漠之鹰"手枪

▼ "沙漠之鹰"手枪及子弹

捷克 CZ 83 手枪

20世纪70年代，库斯基兄弟两人推出了一款包含了世界名枪大部分优点的CZ 75手枪。随后出现了众多CZ系列的手枪，其中包括了CZ 85、CZ 100、CZ 85B、CZ 83、CZ 97B等各种型号，而在这些枪中，最具有代表性的便是CZ 83手枪。CZ 83是一种小型手枪，主要供警方与军方校级军官使用。因使用低威力子弹，所以CZ 83手枪的机械结构比较简单，与德国的瓦尔特PP手枪类似，它的枪管是固定在枪身基座上，复进簧直接绕在枪管上再与滑套结合。该枪无任何闭锁机构，仅以单纯的反冲原理完成退壳与上弹程序。

CZ 83使用双动扳机，当子弹上膛后，击锤回复原位，此时扣动扳机即能使击锤升至待发顶点，再释放击锤击发子弹，它同时具备单动扳机的功能。该枪在枪身两侧装有击锤保险，这使左射手在用枪时能以拇指控制保险钮。当击锤保险关闭时，则弹匣无法插入，这能提醒射手注意保险钮的位置。CZ 83还有分解保险，当弹匣未取下时，分解不开手枪。它的扳机护圈较大，便于射手戴手套时射击。套筒两侧经过抛光处理，但顶部未抛光，以防止瞄准时反光。

英文名称：	CZ 83
研制国家：	捷克
类型：	半自动手枪
制造厂商：	切斯卡·日布罗约夫卡兵工厂
枪机种类：	自由枪机
服役时间：	1983年至今
主要用户：	捷克、捷克斯洛伐克

Infantry Weapons
★★★

基本参数	
口径	7.65毫米
全长	172毫米
枪管长	97毫米
空枪重量	1360克
有效射程	50米
枪口初速	300米/秒
弹容量	12发、15发

韩国大宇 K5 手枪

K5手枪是韩国军队首次采用的国产手枪，以其轻巧的结构和卓越的性能备受青睐。它的设计汲取了勃朗宁大威力自动手枪和史密斯-韦森M59自动手枪的精华，融合了两者的优点。

K5手枪采用枪管短行程后坐作用机制，并结合了经典勃朗宁式闭锁系统。其枪身采用铝合金材质，并经过哑光处理，而套筒则选用烤蓝钢制造，展现出精湛的工艺。K5手枪的"快速行动"扳机设计是一项创新，它允许击锤在被放下时保持主要动力的压缩状态，从而使得首发射击的扳机扣力较轻，这不仅提升了射击的精确度，同时也因较长的扳机行程而增加了安全性，有效防止了意外走火的情况发生。这种设计在保持快速反应的同时，也兼顾了操作的安全性。

英文名称:	Daewoo K5
研制国家:	韩国
类型:	半自动手枪
制造厂商:	大宇集团
枪机种类:	枪管短行程后坐作用、单/双动
服役时间:	1989年至今
主要用户:	韩国、孟加拉国、危地马拉、新加坡等

Infantry Weapons
★★☆

基本参数

口径	9毫米
全长	190毫米
枪管长	105毫米
空枪重量	800克
有效射程	50米
枪口初速	350米/秒
弹容量	13发、15发

美国 M1 半自动步枪

M1是世上第一种大量服役的半自动步枪，也是二战中最著名的步枪之一。与同时代的手动后拉枪机式步枪相比，M1"加兰德"的射击速度有了质的提高，并有着不错的射击精度，在战场上可以起到很好的压制作用。该枪可靠性高，经久耐用，易于分解和清洁，在丛林、岛屿和沙漠等战场上都有出色的表现。

M1步枪投产之后最初生产和装备军队的速度都十分缓慢，随着美国于1941年参加二战，M1步枪产量猛增，它被证明是一种可靠、耐用和有效的步枪，被公认为是二战中最好的步枪。美国著名将军乔治·巴顿评价它是"曾经出现过的最了不起的战斗武器"。

英文名称：M1 Garand
研制国家：美国
类型：半自动步枪
制造厂商：春田兵工厂、温彻斯特公司等
枪机种类：转栓式枪机
服役时间：1936年至今
主要用户：美国、英国等

Infantry Weapons
★★★

基本参数	
口径	7.62毫米
全长	1100毫米
枪管长	610毫米
全枪重量	4.37千克
有效射程	457米
枪口初速	853米/秒
弹容量	8发

▲ M1步枪拆解图

▼ M1步枪正反面特写

美国 M16 突击步枪

M16是由阿玛莱特AR-15发展而来的突击步枪，现由柯尔特公司生产。它是世界上最优秀的步枪之一，也是同口径中生产数量最多的枪械。

M16采用导气管式工作原理，但与一般导气式步枪不同，它没有活塞组件和气体调节器，而采用导气管。枪管中的高压气体从导气孔通过导气管直接推动机框，而不是进入独立活塞室驱动活塞。高压气体直接进入枪栓后方机框里的一个气室，再受到枪机上的密封圈阻止，因此急剧膨胀的气体便推动机框向后运动。机框走完自由行程后，其上的开锁螺旋面与枪机闭锁导柱相互作用，使枪机右旋开锁，而后机框带动枪机一起继续向后运动。

英文名称	M16
研制国家	美国
类型	突击步枪
制造厂商	柯尔特公司
枪机种类	转栓式枪机
服役时间	1964年至今
主要用户	美国、澳大利亚等

Infantry Weapons
★ ★ ★

基本参数	
口径	5.56毫米
全长	986毫米
枪管长	508毫米
全枪重量	3.1千克
有效射程	400米
枪口初速	975米/秒
弹容量	20发、30发

美国 AR-15 突击步枪

AR-15是由美国著名枪械设计师尤金·斯通纳研发的以弹匣供弹、具备半自动或全自动射击模式的突击步枪。AR-15突击步枪的一些重要特点包括：小口径、精度高、初速高。

半自动型号的AR-15和全自动型号的AR-15在外形上完全相同，只是全自动改型具有一个选择射击的旋转开关，可以让使用人员在三种设计模式中选择：安全、半自动以及依型号而定的全自动或三发连发。而半自动型号则只有安全和半自动两种模式可供选择。

英文名称：	Armalite Rifle-15
研制国家：	美国
类型：	突击步枪
制造厂商：	阿玛莱特公司
枪机种类：	转栓式枪机
服役时间：	1958年至今
主要用户：	美国、加拿大、英国等

Infantry Weapons
★★★

基本参数	
口径	5.56毫米
全长	991毫米
枪管长	508毫米
全枪重量	2.97千克
有效射程	550米
枪口初速	975米/秒
弹容量	10发、20发、30发

▲ AR-15突击步枪及子弹

▼ 测试中的AR-15突击步枪

美国巴雷特 REC7 突击步枪

  REC7是在M16突击步枪和M4卡宾枪的基础上改进而成的突击步枪，于2004年开始研发，采用6.8毫米口径。REC7并非是一支全新设计的步枪，它只是用巴雷特公司生产的一个上机匣搭配上普通M4/M16的下机匣而成。

  REC7突击步枪采用了新的6.8毫米雷明顿SPC（6.8×43毫米）弹药，其长度与美军正在使用的5.56毫米弹药相近，因此可以直接套用美军现有的STANAG弹匣。6.8毫米SPC弹在口径上较5.56毫米弹药要大不少，装药量也更多，其停止作用和有效射程比后者要强50%以上，虽然枪口初速比5.56毫米弹药稍低，但其枪口动能为5.56毫米弹药的1.5倍。REC7采用SIR护木，能够安装两脚架、夜视仪和光学瞄准镜等配件。此外，还有一个折叠式的机械瞄具。

英文名称：	Barrett REC7
研制国家：	美国
类型：	突击步枪
制造厂商：	巴雷特公司
枪机种类：	转栓式枪机
服役时间：	2007年至今
主要用户：	美国、波兰

Infantry Weapons

基本参数	
口径	6.8毫米
全长	845毫米
枪管长	410毫米
全枪重量	3.46千克
有效射程	600米
枪口初速	810米/秒
弹容量	30发

苏联／俄罗斯 AK-47 突击步枪

AK-47是由苏联著名枪械设计师米哈伊尔·季莫费耶维奇·卡拉什尼科夫设计的突击步枪，在20世纪50～80年代一直是苏联军队的制式装备。该枪是世界上最著名的步枪之一，制造数量和使用范围极为惊人。

该枪结构简单，易于分解、清洁和维修。在沙漠、热带雨林、严寒等极度恶劣的环境下，AK-47仍能保持相当好的效能。AK-47的主要缺点是全自动射击时枪口上扬严重，枪机框后坐时撞击机匣底，机匣盖的设计导致瞄准基线较短，瞄准具不理想，导致射击精度较差，特别是300米以外难以准确射击，连发射击精度更低。

英文名称	AK-47
研制国家	苏联
类型	突击步枪
制造厂商	伊热夫斯克兵工厂、图拉兵工厂等
枪机种类	转栓式枪机
服役时间	1949年至今
主要用户	苏联、俄罗斯、德国等

Infantry Weapons
★★☆

基本参数	
口径	7.62毫米
全长	870毫米
枪管长	415毫米
全枪重量	4.3千克
有效射程	300米
枪口初速	710米/秒
弹容量	30发

▲ AK-47突击步枪反面特写

▼ 士兵用AK-47突击步枪进行射击训练

苏联/俄罗斯 AKM 突击步枪

AKM是由卡拉什尼科夫在AK-47基础上改进而来的突击步枪。作为AK-47突击步枪的升级版，AKM突击步枪更实用，更符合现代突击步枪的要求。时至今日，俄罗斯军队和内务部迄今仍有装备。

AKM扳机组上增加的"击锤延迟体"，从根本上消除了哑火的可能性。在试验记录上，AKM未出现一次因武器方面引起的哑火现象，可靠性良好。此外，AKM的下护木两侧有突起，便于控制连射。由于采用了许多新技术，改善了不少AK系列的固有缺陷，AKM比AK-47更实用，更符合现代突击步枪的要求。

英文名称：	AKM
研制国家：	苏联
类型：	突击步枪
制造厂商：	伊热夫斯克兵工厂、图拉兵工厂等
枪机种类：	转栓式枪机
服役时间：	1959年至今
主要用户：	苏联、俄罗斯、伊拉克等

Infantry Weapons ★★☆

基本参数	
口径	7.62毫米
全长	876毫米
枪管长	369毫米
全枪重量	3.15千克
有效射程	400米
枪口初速	715米/秒
弹容量	30发

苏联／俄罗斯 AK-74 突击步枪

AK-74 由卡拉什尼科夫于20世纪70年代在AKM基础上改进而来，是苏联装备的第一种小口径突击步枪。该枪于1974年开始设计，同年11月7日在莫斯科红场阅兵仪式上首次露面。

AK-74的口径减小，射速提高，后坐力减小。由于使用小口径弹药并加装了枪口装置，AK-74的连发散布精度大大提高，不过单发精度仍然较低，而且枪口装置导致枪口焰比较明显，尤其是在黑暗中射击。AK-74使用方便，未经过训练的人都能很轻松地进行全自动射击。

英文名称：AK-74
研制国家：苏联
类型：突击步枪
制造厂商：伊热夫斯克兵工厂、图拉兵工厂
枪机种类：转栓式枪机
服役时间：1974年至今
主要用户：苏联、俄罗斯、德国、希腊等

Infantry Weapons

★★★

基本参数	
口径	5.45毫米
全长	943毫米
枪管长	415毫米
全枪重量	3.3千克
有效射程	500米
枪口初速	900米/秒
弹容量	20发

第 2 章 主战武器

▲ AK-74突击步枪正面特写

▼ 使用战术化AK-74M突击步枪的俄罗斯特种兵

俄罗斯 AK-12 突击步枪

AK-12是卡拉什尼科夫集团针对AK枪族的常见缺陷而改进的现代化突击步枪,该枪是AK枪族的最新成员,于2010年公开。

该枪在护木上整合了战术导轨,以便能安装对应的多种模块化战术配件。在改进为AK-12以后,许多结构和细节都进行了重新设计。其中最大的改进是为在机匣盖后端和照门的位置增加了固定装置,以便安装MIL-STD-1913战术导轨桥架后避免射击时跳动。

AK-12的人机工程性能相当出色,枪托、把手和保险装置的设计都让使用者感到非常舒适。2015年,俄罗斯国防部选定AK-12突击步枪作为"战士"现代化单兵作战系统的制式武器。

英文名称:	AK-12
研制国家:	俄罗斯
类型:	突击步枪
制造厂商:	卡拉什尼科夫集团
枪机种类:	转栓式枪机
服役时间:	2014年至今
主要用户:	俄罗斯

Infantry Weapons

基本参数	
口径	5.45毫米
全长	945毫米
枪管长	415毫米
全枪重量	3.3千克
有效射程	800米
枪口初速	900米/秒
弹容量	30发、60发、100发

俄罗斯 AK-101 突击步枪

AK-101是俄罗斯生产的发射5.56×45毫米弹药的突击步枪，是AK-101是AK-100系列的第一种型号，专为出口市场而设计。由于AK-47突击步枪在世界上的良好声誉，使得AK-101在世界各国也有订单。

AK-101采用现代化的复合工程塑料技术，装有415毫米枪管、AK-74式枪口制退器，机匣左侧装有瞄准镜座，可加装瞄准镜及榴弹发射器，但发射5.56×45毫米弹药，配备黑色塑料30发弹匣及塑料折叠枪托。

AK-101是在AK-74M的基础上研制的，从结构原理到命名，都体现出这是挖掘AK步枪市场潜力的作品。AK-101弹匣的外形和AK-74M的弹匣几乎一样，只是弹匣体上方标有"5.56NATO"作为识别标记。

英文名称：AK-101
研制国家：俄罗斯
类型：突击步枪
制造厂商：伊兹玛什公司
枪机种类：转栓式枪机
服役时间：2006年至今
主要用户：俄罗斯

Infantry Weapons

★ ★ ★

基本参数	
口径	5.56毫米
全长	943毫米
枪管长	415毫米
空枪重量	3.4千克
有效射程	450米
枪口初速	920米/秒
弹容量	30发

俄罗斯 AK-102 突击步枪

AK-102是AK-101的缩短版本，于1994年开始生产。与之后的AK-104、AK-105在设计上都非常相似，唯一的区别是口径和相应的弹匣类型。AK-102最大的特点是缩短了枪管，使其成为一种介于全尺寸型步枪和紧凑卡宾枪之间的混合型态。

AK-102非常轻巧，主要原因是用能够防振的现代化复合工程塑料取代了旧型号所采用的木材。这种新型塑料结构不但能够应对各种恶劣的气候，而且还可以抵御锈蚀。当然，塑料结构最大的特点是重量更轻。

由于坚固耐用、精确度高、弹药杀伤力大等优点，AK-02突击步枪很受各国军人的青睐。其优良的性能使AK-102能适应各种复杂恶劣的天气和地理环境。

英文名称：	AK-102
研制国家：	俄罗斯
类型：	突击步枪
制造厂商：	伊兹玛什公司
枪机种类：	转栓式枪机
服役时间：	1994年至今
主要用户：	俄罗斯、肯尼亚等

Infantry Weapons

基本参数

口径	5.56毫米
全长	824毫米
枪管长	314毫米
全枪重量	3千克
有效射程	500米
枪口初速	850米/秒
弹容量	30发

俄罗斯 AK-103 突击步枪

AK-103是俄罗斯生产的现代化突击步枪，主要为出口市场而设计，拥有数量庞大的用户，其中包括俄罗斯军队，不过目前只是少量装备。

AK-103突击步枪与AK-74M突击步枪非常相似，它采用现代化复合工程塑料技术，装有415毫米枪管，可加装瞄准镜及榴弹发射器，且有AK-74式枪口制退器。不过，该枪与AK-74M不同的是，它发射7.62×39毫米弹药。

AK-103除了有可选择单连发射击方式的标准型和只能半自动射击的民用型外，还有一种具有3发点射机构的型号AK-103-2。快慢机从上往下拨的顺序为：保险—连发—3发点射—单发。

英文名称:	AK-103
研制国家:	俄罗斯
类型:	突击步枪
制造厂商:	伊兹玛什公司
枪机种类:	转栓式枪机
服役时间:	2006年至今
主要用户:	俄罗斯、巴基斯坦等

Infantry Weapons
★★★

基本参数

口径	7.62毫米
全长	943毫米
枪管长	415毫米
全枪重量	3.4千克
有效射程	500米
枪口初速	750米/秒
弹容量	30发

俄罗斯 AK-104 突击步枪

AK-104突击步枪是俄罗斯生产的AK-74M突击步枪的缩短版本，主要是替代AKS-74U和解决狭小空间及城市内特种作战的武器选择。AK-104出口的数量也相当多，包括也门、不丹和委内瑞拉等。

AK-104最大的特点在于缩短了枪管，使其成为一种全尺寸型步枪和更紧凑的AKS-74U卡宾枪之间的一种混合型态。该枪与AK-102突击步枪在结构和外形上极为相似，两者最大的区别在于口径，AK-102突击步枪发射5.56×45毫米弹药，而AK-104突击步枪则发射7.62×39毫米弹药。

英文名称：AK-104
研制国家：俄罗斯
类型：突击步枪
制造厂商：伊兹玛什公司
枪机种类：转栓式枪机
服役时间：2001年至今
主要用户：俄罗斯

Infantry Weapons
★ ★ ☆

基本参数

口径	7.62毫米
全长	824毫米
枪管长	314毫米
全枪重量	3千克
有效射程	500米
枪口初速	670米/秒
弹容量	30发

俄罗斯 SR-3 突击步枪

SR-3 是由俄罗斯中央研究精密机械制造局研制并生产的一款9毫米口径紧凑型全自动突击步枪。SR-3被俄罗斯联邦安全局、俄罗斯联邦警卫局等部门所正式采用,主要用作重要人员保护。

SR-3采用上翻式调节的机械瞄准具,射程分别设定为攻击100米和200米以内的目标,准星和照门都装有护翼以防损坏。但由于该枪的瞄准基线过短,且亚音速子弹的飞行轨弯曲度太大,所以实际用途与冲锋枪相近,令其实际有效射程仅为100米。不过,这种9×39毫米亚音速步枪弹的贯穿力还是比冲锋枪和短枪管卡宾枪强上许多,能在200米距离上贯穿8毫米厚的钢板。

| 英文名称:SR-3 |
| 研制国家:俄罗斯 |
| 类型:突击步枪 |
| 制造厂商: |
| 中央研究精密机械制造局 |
| 枪机种类:转栓式枪机 |
| 服役时间:1996年至今 |
| 主要用户:俄罗斯 |

Infantry Weapons
★★☆

基本参数	
口径	9毫米
全长	610毫米
枪管长	156毫米
全枪重量	2千克
有效射程	200米
枪口初速	295米/秒
弹容量	10发、20发、30发

俄罗斯 AN-94 突击步枪

AN-94是俄罗斯现役现代化小口径突击步枪,由根纳金·尼科诺夫于1994年研制,1997年开始服役。

AN-94的精准度极高,在100米距离上站姿无依托连发射击时,头两发弹着点距离不到2厘米,远胜于SVD狙击步枪发射专用狙击弹的效果,甚至不逊于以高精度著称的SV98狙击步枪。但这种高精准度却并非所有士兵都需要,对于俄罗斯普通士兵来说,AN-94的两发点射并没有多大帮助。而且现代战争中突击步枪多用于火力压制,AN-94与AK-74所发挥的作用并没有太多差别。

英文名称:	AN-94
研制国家:	俄罗斯
类型:	突击步枪
制造厂商:	伊兹玛什公司
枪机种类:	气动式
服役时间:	1997年至今
主要用户:	俄罗斯

Infantry Weapons
★ ★ ☆

基本参数

口径	5.45毫米
全长	943毫米
枪管长	405毫米
空枪重量	3.85千克
有效射程	400米
枪口初速	900米/秒
弹容量	30发、45发、60发

德国 HK G3 突击步枪

G3是德国HK公司于20世纪50年代以StG45步枪为基础所改进的现代化自动步枪，是世界上制造数量最多、使用最广泛的自动步枪之一。

G3采用滚轮延迟反冲式工作原理，零部件大多是冲压件，机加工件较少。机匣为冲压件，两侧压有凹槽，起导引枪机和固定枪尾套的作用。枪管装于机匣之中，并位于机匣的管状节套的下方。管状节套点焊在机匣上，里面容纳装填杆和枪机的前伸部。装填拉柄在管状节套左侧的导槽中运动，待发时可由横槽固定。该枪采用机械瞄准具，并配有光学瞄准镜和主动式红外瞄准具。

英文名称：	Heckler & Koch G3
研制国家：	德国
类型：	突击步枪
制造厂商：	HK公司
枪机种类：	滚轮延迟反冲式
服役时间：	1959年至今
主要用户：	德国、美国、英国等

Infantry Weapons
★★☆

基本参数	
口径	7.62毫米
全长	1026毫米
枪管长	450毫米
全枪重量	4.41千克
有效射程	500米
枪口初速	800米/秒
弹容量	5发、10发、20发

▲ HK G3突击步枪正面特写

▼ HK G3突击步枪反面特写

▼ HK G3突击步枪及子弹

德国 HK G36 突击步枪

G36是德国HK公司在20世纪末推出的现代化突击步枪，是德国联邦国防军自1995年以来的制式步枪。

G36大量使用高强度塑料，质量较轻、结构合理、操作方便，"模块化"设计大大提高了它的战术性能。其模块化优势体现在，只用一个机匣，变换枪管、前护木就能组合成MG36轻机枪、G36C短突击步枪、G36E出口型、G36K特种部队型和G36标准型等多种不同用途的突击步枪。由于步枪的射击活动部件大都在机匣内，多种枪型使用同一机匣，步枪的零配件大为简少。在战场上，轻机枪的枪机打坏了，换上短突击步枪的枪机就可以使用。

英文名称	Heckler & Koch G36
研制国家	德国
类型	突击步枪
制造厂商	HK公司
枪机种类	转栓式枪机
服役时间	1997年至今
主要用户	德国、韩国、泰国、巴西等

Infantry Weapons
★ ★ ★

基本参数	
口径	5.56毫米
全长	999毫米
枪管长	480毫米
空枪重量	3.63千克
有效射程	800米
枪口初速	920米/秒
弹容量	30发、弹鼓100发

▲ 使用HK G36突击步枪的士兵

▼ HK G36突击步枪套装

德国 HK416 突击步枪

　　HK416是HK公司结合HK G36突击步枪和M4卡宾枪的优点设计成的一款突击步枪。HK公司聘请自美军"三角洲"特种部队退伍的赖瑞·维克斯担任HK416项目的负责人。HK416项目原本称为HKM4，但因为柯尔特公司拥有M4系列步枪的商标专利，所以HK公司改以"416"为名称。

　　该枪采用短冲程活塞传动式系统，枪管由冷锻碳钢制成，拥有很强的寿命。该枪的机匣及护木设有共5条战术导轨以安装附件，采用自由浮动式前护木，整个前护木可完全拆下，改善全枪重量分布。枪托底部设有降低后坐力的缓冲塑料垫，机匣内有泵动活塞缓冲装置，有效减少后坐力和污垢对枪机运动的影响，从而提高武器的可靠性，另外也设有备用的新型金属照门。HK416还配有只能发射空包弹的空包弹适配器，以杜绝误装实弹而引发的安全事故。

英文名称：	Heckler & Koch HK416
研制国家：	德国
类型：	突击步枪
制造厂商：	HK公司
枪机种类：	转栓式枪机
服役时间：	2005年至今
主要用户：	德国、美国、英国等

Infantry Weapons

基本参数	
口径	5.56毫米
全长	797毫米
枪管长	264毫米
全枪重量	3.02千克
有效射程	850米
枪口初速	788米/秒
弹容量	20发、30发

法国 FAMAS 突击步枪

FAMAS 由法国轻武器专家保罗·泰尔于 1967 年开始研制，是法国军队及警队的制式突击步枪，也是世界上著名的无托式步枪之一。FAMAS 在 1991 年参与了沙漠风暴行动及其他维持和平行动，法国军队认为 FAMAS 在战场上非常可靠。不管是在近距离的突发冲突还是中远距离的点射，FAMAS 都有着优良的表现。该枪有单发、三发点射和连发三种射击方式，射速较快，弹道非常集中。

FAMAS 不需要安装附件即可发射枪榴弹，GIAT 还专门研究了有俘弹器的枪榴弹，因此不需要专门换空包弹就可以直接用实弹发射。不过 FAMAS 的子弹太少，火力持续性差。瞄准基线较高，如果加装瞄准镜会更高，不利于隐蔽。

| 英文名称：FAMAS |
| 研制国家：法国 |
| 类型：突击步枪 |
| 制造厂商：地面武器工业公司 |
| 枪机种类：杠杆延迟反冲式 |
| 服役时间：1975年至今 |
| 主要用户：法国 |

Infantry Weapons
★ ★ ☆

基本参数

口径	5.56毫米
全长	757毫米
枪管长	488毫米
全枪重量	3.8千克
有效射程	450米
枪口初速	925米/秒
弹容量	25发

第 2 章 主战武器

▲ 法国士兵正在使用FAMAS突击步枪

▼ FAMAS突击步枪正面特写

意大利伯莱塔 ARX160 突击步枪

ARX160突击步枪不仅是意大利军队的制式装备,也是"未来士兵"计划的重要组成部分。它能够通过更换枪管等关键部件,适应5.56×45毫米、5.45×39毫米、6.8×43毫米、7.62×35毫米以及7.62×39毫米五种不同口径的步枪弹。

ARX160突击步枪以其卓越的人体工程学设计而著称,特别是在手枪握把上方和机匣两侧的保险与快慢机装置设计上,这些控制部件可以方便地用拇指进行操作。快慢机提供了三种模式:保险、半自动和全自动,以适应不同的战斗需求。尽管ARX160突击步枪的枪身厚度比一般突击步枪要厚,外观更为丰满,但其广泛采用的合成材料确保了空枪重量的轻便性,使其在保持性能的同时,也兼顾了携带的便捷性。

英文名称:	Beretta ARX160
研制国家:	意大利
类型:	突击步枪
制造厂商:	伯莱塔公司
枪机种类:	转栓式枪机
服役时间:	2008年至今
主要用户:	意大利、阿根廷、埃及、泰国等

基本参数	
口径	5.45毫米、5.56毫米、6.8毫米、7.62毫米
全长	914毫米
枪管长	406毫米
空枪重量	3.1千克
有效射程	600米
枪口初速	920米/秒
弹容量	30发、100发

比利时 FN FNC 突击步枪

  FN FNC是比利时FN公司在20世纪70年代中期生产的突击步枪，1979年5月，FN FNC开始投入批量生产。目前，除比利时外，尼日利亚、印度尼西亚和瑞典等国家也有装备。

  FN FNC枪管用高级优质钢制成，内膛精锻成型，故强度、硬度、韧性较好，耐蚀抗磨。其前部有一圆形套筒，除可用于消焰外，还可发射枪榴弹。在供弹方面弹匣，FN FNC采用30发STANAG标准弹匣。击发系统与其他现代小口径突击步枪相似，有半自动、三点发和全自动三种发射方式。枪口部有特殊的刺刀座，以便安装美国M7式刺刀。

英文名称：
Fabrique Nationale Carabine
研制国家：比利时
类型：突击步枪
制造厂商：FN公司
枪机种类：转栓式枪机
服役时间：1979年至今
主要用户：比利时、阿根廷、意大利等

Infantry Weapons

基本参数	
口径	5.56毫米
全长	997毫米
枪管长	450毫米
全枪重量	3.8千克
有效射程	450米
枪口初速	965米/秒
弹容量	30发

比利时 FN F2000 突击步枪

FN F2000是比利时FN公司研制的突击步枪，首次亮相是在2001年3月的阿拉伯联合酋长国阿布扎比举行的IDEX展览会上。FN F2000在成本、工艺性及人机工程等方面苦下工夫，不但很好地控制了质量，而且平衡性也很优秀，非常易于携带、握持和使用，同样也便于左撇子使用。

FN F2000默认使用1.6倍瞄准镜，在加装专用的榴弹发射器后，也可换装具测距及计算弹着点的专用火控系统。FN F2000的附件包括可折叠的两脚架及可选用的装手枪口上的刺刀卡笋，而且还可根据实际需求在M1913导轨上安装夜视瞄具。此外，F2000还可配用未来的低杀伤性系统。

英文名称：	FN F2000
研制国家：	比利时
类型：	突击步枪
制造厂商：	FN公司
枪机种类：	转栓式枪机
服役时间：	2001年至今
主要用户：	比利时、阿根廷、西班牙等

Infantry Weapons
★ ★ ★

基本参数	
口径	5.56毫米
全长	688毫米
枪管长	400毫米
全枪重量	3.6千克
有效射程	500米
枪口初速	910米/秒
弹容量	30发

▲ FN F2000突击步枪正面特写

▼ 士兵使用FN F2000突击步枪进行训练

比利时 FN SCAR 突击步枪

SCAR突击步枪是比利时FN公司为了满足美军特战司令部的SCAR项目而制造的现代化突击步枪，于2007年7月开始小批量量产，并有限配发给军队使用。SCAR有两种版本，轻型（Light，SCAR-L，Mk 16 Mod 0）和重型（Heavy，SCAR-H，Mk 17 Mod 0）。轻型发射5.56×45毫米北约弹药，使用类似于M16的弹匣，只不过是钢材制造，虽然比M16的塑料弹匣更重，但是强度更高，可靠性也更好。

SCAR的特征为从头到尾不间断的战术导轨在铝制外壳的正上方排开，两个可拆式导轨在侧面，下方还可加挂任何MIL-STD-1913标准的相容配件，握把部分和M16用的握把可互换，前准星可以折下，不会挡到瞄准镜或是光学瞄准器。

英文名称	FN SCAR
研制国家	比利时
类型	突击步枪
制造厂商	FN公司
枪机种类	滚转式枪机
服役时间	2009年至今
主要用户	比利时、美国、英国等

基本参数

口径	7.62毫米
全长	965毫米
枪管长	400毫米
全枪重量	3.26千克
有效射程	600米
枪口初速	714米/秒
弹容量	20发

以色列加利尔突击步枪

加利尔是以色列军事工业（IMI）于20世纪60年代末研制的一种突击步枪，目前仍在使用。加利尔系列步枪的设计是以芬兰Rk 62突击步枪的设计作为基础，并且改进其沙漠时的操作方式、装上M16A1的枪管、Stoner 63的弹匣和FN FAL的折叠式枪托，而Rk 62本身又是来自前苏联AK-47突击步枪。

早期型加利尔的机匣是采用类似Rk 62的机匣，改为低成本的金属冲压方式生产。但由于5.56×45毫米弹药的膛压比想象的较高，生产方式改为较沉重的铣削，导致加利尔比其他同口径步枪更沉重。

英文名称：	Galil
研制国家：	以色列
类型：	突击步枪
制造厂商：	以色列军事工业（IMI）
枪机种类：	转栓式枪机
服役时间：	1972年至今
主要用户：	以色列、巴西、美国等

Infantry Weapons
★★★

基本参数	
口径	7.62毫米
全长	1112毫米
枪管长	509毫米
空枪重量	3.95千克
有效射程	600米
枪口初速	950米/秒
弹容量	25发

以色列 IWI X95 突击步枪

X95突击步枪是专门为特种部队以及通常不使用长枪管突击步枪的军事人员设计的无托结构突击步枪，也可通过零件转换变为冲锋枪。X95系列步枪根据不同的型号，能够发射不同类型的枪弹：标准型号X95和X95-L发射5.56×45毫米枪弹，X95-R型号则发射5.45×39毫米枪弹。当作为冲锋枪使用时，X95-S和X95 SMG型号发射9×19毫米枪弹。

X95突击步枪的外壳采用全聚合物制造，内部的机匣部分是由钢制成的坚固U形骨架。枪管通过机匣上的固定旋钮进行固定，并且可以利用工具实现快速更换。该枪在护木顶部、右侧及下方均配备了MIL-STD-1913战术导轨，这为安装各种战术附件提供了极大的便利。此外，机匣顶部还设有一段较长的战术导轨，专门用于安装光学瞄准镜，进一步增强了其战术灵活性和精准度。

英文名称：
Israel Weapon Industries X95

研制国家： 以色列

类型： 突击步枪

制造厂商： 以色列武器工业（IWI）

枪机种类： 转栓式枪机

服役时间： 2009年至今

主要用户： 以色列、泰国、韩国等

Infantry Weapons

基本参数	
口径	5.45毫米、5.56毫米、9毫米
全长	670毫米
枪管长	330毫米
空枪重量	3.4千克
有效射程	600米
枪口初速	860米/秒
弹容量	20发、25发、30发、32发

瑞士 SIG SG 550 突击步枪

SG 550是由瑞士SIG公司于20世纪70年代研制的突击步枪,是瑞士陆军的制式步枪,也是世界上最精确的突击步枪之一。

SG 550采用导气式自动方式,子弹发射时的气体不是直接进入导气管,而是通过导气箍上的小孔,进入活塞头上面弯成90度的管道内,然后继续向前,抵靠在导气管塞子上,借助反作用力使活塞和枪机后退而开锁。SG 550大量采用冲压件和合成材料,大大减小了全枪质量。枪管用镍铬钢锤锻而成,枪管壁很厚,没有镀铬。消焰器长22毫米,其上可安装新型刺刀。标准型的SG 550有两脚架,以提高射击的稳定性。

英文名称:	SIG SG 550
研制国家:	瑞士
类型:	突击步枪
制造厂商:	SIG公司
枪机种类:	转栓式枪机
服役时间:	1990年至今
主要用户:	瑞士、法国、德国等

Infantry Weapons
★ ★ ★

基本参数	
口径	5.56毫米
全长	998毫米
枪管长	528毫米
全枪重量	4.05千克
有效射程	400米
枪口初速	905米/秒
弹容量	5发、10发、20发、30发

奥地利 AUG 突击步枪

AUG 是奥地利斯泰尔·曼利夏公司于 1977 年推出的军用自动步枪，是史上首次正式列装、实际采用犊牛式设计的军用步枪。

AUG 将以往多种已知的设计理念聪明地组合起来，结合成一个可靠美观的整体。它是当时少数拥有模组化设计的步枪，其枪管可快速拆卸，并可与枪族中的长管、短管、重管互换使用。在奥地利军方的对比试验中，AUG 的性能表现可靠，而且在射击精度、目标捕获和全自动射击的控制方面表现优秀，与 FN CAL（比利时）、Vz58（捷克）、M16A1（美国）等著名步枪相比毫不逊色。

英文名称：	AUG
研制国家：	奥地利
类型：	突击步枪
制造厂商：	斯泰尔·曼利夏公司
枪机种类：	转栓式枪机
服役时间：	1979 年至今
主要用户：	奥地利、美国、英国等

Infantry Weapons ★★☆

基本参数	
口径	5.56 毫米
全长	790 毫米
枪管长	508 毫米
全枪重量	3.6 千克
有效射程	500 米
枪口初速	970 米/秒
弹容量	30 发

▲ AUG突击步枪反面特写

▼ 士兵正在使用AUG突击步枪

南非 CR-21 突击步枪

CR-21是由南非生产的突击步枪。该枪以R4系列步枪为基础并略为修改，以便将其改为无托结构设计，尽可能使用原来制造部件的概念以便降低成本，并保持其可靠性和降低其重量。

CR-21枪身由高弹性黑色聚合物模压成型，左右两侧在模压成型后，经高频焊接成整体。可使用5发、10发、15发、20发、30发和35发几种专用可拆式弹匣，也可以使用加利尔步枪和R4步枪的35发和50发弹匣。枪管内的膛线采用冷锻法制成，内膛镀铬以增强耐磨性，使用弹药为5.56×45毫米SS109步枪子弹。

| 英文名称：CR-21 |
| 研制国家：南非 |
| 类型：突击步枪 |
| 制造厂商：维克多武器公司 |
| 枪机种类：转栓式枪机 |
| 服役时间：1997年至今 |
| 主要用户：南非 |

Infantry Weapons
★★☆

基本参数	
口径	5.56毫米
全长	760毫米
枪管长	460毫米
全枪重量	3.72千克
有效射程	600米
枪口初速	980米/秒
弹容量	20发、35发

南非 R4 突击步枪

R4 是南非于 20 世纪 80 年代在以色列加利尔突击步枪的基础上改良而成的一款突击步枪。R4 主要由利特尔顿兵工厂生产，但该兵工厂又因各种原因而停产，于是转由维克多公司继续生产。

R4 突击步枪是以加利尔突击步枪为基础合法授权改良而成，它保留了 AK-47 优良的短冲程活塞传动式、转动式枪机，并采用加利尔的握把式射击模式选择钮和机匣上方的后照门以及 L 形拉机柄，还使用了更加轻便的塑料护木。

在 R4 突击步枪服役之前，南非军队装备的 R1、R2 和 R3 步枪性能已经落后于现代小口径步枪，进入 20 世纪 80 年代后，南非开始跟随西方国家以 5.56 毫米作新式步枪的口径，并决定以自行生产的加利尔 AR 改进型作制式步枪，并命名为 R4。

英文名称：R4
研制国家：南非
类型：突击步枪
制造厂商：利特尔顿兵工厂、维克多公司
枪机种类：转栓式枪机
服役时间：1980 年至今
主要用户：南非

Infantry Weapons
★★☆

基本参数	
口径	5.56 毫米
全长	740 毫米
枪管长	460 毫米
全枪重量	4.3 千克
有效射程	500 米
枪口初速	980 米/秒
弹容量	35 发、50 发

克罗地亚 VHS 突击步枪

VHS是克罗地亚生产的无托结构突击步枪，2007年首次展出，2012年开始取代克罗地亚军队所装备的各种AK-47的衍生型。

VHS突击步枪采用长行程活塞传动型气动式操作系统及转栓式枪机闭锁机构。其快慢机设置在扳机护圈内部，将快慢机拨杆设置向左时为全自动模式，设置向右时为半自动模式，设置居中时为保险模式。该枪的弹匣插座位于手枪握把后面，形状呈长方形，弹匣扣兼释放按钮设置在其后部。拉机柄位于提把下方，抛壳口外围带有连着的抛壳挡板，分别设于上、下和后三个方向，以防止其抛壳方向不稳定。

英文名称：	VHS
研制国家：	克罗地亚
类型：	突击步枪
制造厂商：	HS Produkt公司
枪机种类：	转栓式枪机
服役时间：	2009年至今
主要用户：	克罗地亚、美国、叙利亚等

基本参数	
口径	5.56毫米
全长	765毫米
枪管长	500毫米
全枪重量	3.4千克
有效射程	500米
枪口初速	950米/秒
弹容量	30发

捷克 CZ-805 Bren 突击步枪

CZ-805 Bren 是由捷克布罗德兵工厂研制的突击步枪，是一款具现代化外观的模组化单兵武器，为捷克军队的新型制式步枪，将完全取代捷克军队之前装备的Vz58突击步枪。

CZ-805 Bren突击步枪采用模块化设计，发射5.56×45毫米北约（NATO）步枪弹，此外也有7.62×39毫米口径的型号，而且未来还可能发射6.8毫米SPC弹。该枪采用短行程导气活塞式原理和滚转式枪机，其导气系统有气体调节器。上机匣由铝合金制作而成，下机匣的制作材料为聚合物。

英文名称：CZ-805 Bren
研制国家：捷克
类型：突击步枪
制造厂商：布罗德兵工厂
枪机种类：滚转式枪机
服役时间：2011年至今
主要用户：捷克、埃及等

Infantry Weapons
★★★

基本参数

口径	5.56毫米、7.62毫米
全长	910毫米
枪管长	360毫米
全枪重量	3.6千克
有效射程	500米
枪口初速	320米/秒
弹容量	30发

乌克兰 Fort-221 突击步枪

　　Fort-221 是由乌克兰国营兵工厂所生产的一种无托结构的突击步枪，是以色列TAR-21突击步枪的授权生产版本。

　　Fort-221突击步枪的设计与TAR-21突击步枪基本相同，并能安装类似于ITL MARS的瞄准镜和其他瞄准具及战术配件。目前，Fort-221主要装备于乌克兰内务部和联邦安全局的特种部队。

　　Fort-221还有一种称为Fort-224的衍生型，该型号除了有发射5.56×45毫米北约标准弹药的版本外，还有发射9毫米鲁格弹的冲锋枪版本。

英文名称：	Fort-221
研制国家：	乌克兰
类型：	突击步枪
制造厂商：	国营兵工厂
枪机种类：	滚转式枪机
服役时间：	2009年至今
主要用户：	乌克兰

Infantry Weapons

基本参数	
口径	5.56毫米
全长	645毫米
枪管长	375毫米
全枪重量	3.9千克
有效射程	500米
枪口初速	890米/秒
弹容量	30发

美国巴雷特 M82 狙击步枪

M82是20世纪80年代早期由美国巴雷特公司研制的重型特殊用途狙击步枪（Special Application Scoped Rifle，SASR），是美军唯一的"特殊用途狙击步枪"（SASR），可以用于反器材攻击和引爆弹药库。

由于M82可以打穿许多墙壁，因此也被用来攻击躲在掩体后的人员。除了军队以外，美国很多执法机关也钟爱此枪，包括纽约警察局，因为它可以迅速拦截车辆，一发子弹就能打坏汽车引擎，也能很快打穿砖墙和水泥，适合城市战斗。美国海岸警卫队还使用M82进行反毒作战，有效打击了海岸附近的高速运毒小艇。

英文名称	Barrett M82
研制国家	美国
类型	狙击步枪
制造厂商	巴雷特公司
枪机种类	滚转式枪机
服役时间	1989年至今
主要用户	美国、阿根廷、法国等

Infantry Weapons

基本参数	
口径	12.7毫米
全长	1219毫米
枪管长	508毫米
全枪重量	14千克
有效射程	1850米
枪口初速	853米/秒
弹容量	10发

美国巴雷特 M107 狙击步枪

M107是在美国海军陆战队使用的M82A3狙击步枪的基础上发展而来的，能够击发大威力12.7毫米口径弹药。该枪曾被美国陆军物资司令部评为"2004年美国陆军十大最伟大科技发明"之一，现已被美国陆军全面列装。

M107主要用于远距离有效攻击和摧毁技术装备目标，包括停放的飞机、计算机、情报站、雷达站、弹药、石油、燃油和润滑剂站、各种轻型装甲目标和指挥、控制和通信设备等。在反狙击手任务中，M107系统有更远的射程，且有更高的终点效应。

英文名称：	Barrett M107
研制国家：	美国
类型：	半自动狙击步枪
制造厂商：	巴雷特公司
枪机种类：	滚转式枪机
服役时间：	2005年至今
主要用户：	美国、德国、墨西哥等

Infantry Weapons
★ ★ ★

基本参数	
口径	12.7毫米
全长	1448毫米
枪管长	737毫米
全枪重量	12.9千克
有效射程	1850米
枪口初速	853米/秒
弹容量	10发

美国巴雷特 XM500 半自动狙击步枪

XM500 是巴雷特公司最新研制及生产的气动式操作、半自动射击的重型无托结构狙击步枪,其无托式设计与M82A2较为相似。

XM500采用无托结构来缩短全长,而且还采用AR式步枪的导气式原理。由于XM500装有一根固定的枪管,因此有更高的精度。和M82/M107一样,XM500也有一个可折叠及拆下的两脚架,安装在护木下方。由于采用了无托结构,因此来自M82的10发可拆式弹匣安装于扳机的后方。由于没有机械瞄具,XM500必须利用机匣顶部的MILSTD-1913战术导轨安装瞄准镜、夜视镜及其他战术配件。

英文名称:	Barrett XM500
研制国家:	美国
类型:	半自动狙击步枪
制造厂商:	巴雷特公司
枪机种类:	转栓式枪机
服役时间:	2006年至今
主要用户:	马来西亚

Infantry Weapons
★ ★ ★

基本参数	
口径	12.7毫米
全长	1168毫米
枪管长	447毫米
空枪重量	11.8千克
有效射程	1850米
枪口初速	900米/秒
弹容量	30发

美国巴雷特 MRAD 狙击步枪

MRAD是以巴雷特M98B为蓝本,按照美国特种作战司令部(USSOCOM)制订的规格改进而来的旋转后拉式枪机式手动狙击步枪。该枪在2010年底正式公布,并于2011年初开始在民用市场销售,建议售价为6000美元。

MRAD装有一根以4150 MIL-B-11595钢铁制造的中至重型的自由浮置式枪管。目前全长有三种,分别为685.8毫米、622.3毫米和508毫米,枪管更具有凹槽以增加散热速度。MRAD狙击步枪由一个可拆卸弹匣从下机匣弹匣口供弹,让射手即使要面对大量目标也能够维持不会很快就中断的火力。弹匣卡笋就在扳机护圈前方,射手可以射击手的食指拆卸弹匣及重新装填。

英文名称:
Barrett Multi-Role Adaptive Design
研制国家: 美国
类型: 狙击步枪
制造厂商: 巴雷特公司
枪机种类: 旋转后拉式枪机
服役时间: 2010年至今
主要用户: 以色列、挪威

基本参数	
口径	8.59毫米
全长	685.8毫米、622.3毫米、508毫米
枪管长	686毫米
空枪重量	6.94千克
最大射程	1500米
枪口初速	945米/秒
弹容量	10发

美国 M25 轻型狙击手武器系统

M25 是美国陆军特种部队和海军特种部队1980年后期以M14自动步枪为基础研制的一种轻型狙击步枪。美国特种作战司令部将M25列为轻型狙击步枪，作为M24 SWS的辅助狙击步枪。因此，M25并不是用于代替美军装备的旋转后拉式枪机狙击步枪，而是作为狙击手的支援武器。

M25保留有许多M21的特征，都是NM级枪管的M14配麦克米兰的玻璃纤维制枪托及改进的导气装置，但M25改用Brookfield而非原来的Leatherwood瞄准镜座，并用Leupold的瞄准镜代替ART1和ART2瞄准镜，新的瞄准镜座也允许使用AN/PVS-4夜视瞄准镜。最早的XM25步枪的枪托内有一块钢垫，这个钢垫是让射手在枪托上拆卸或重新安装枪管后不需要给瞄准镜重新归零，其设计意图与H&S公司为M24 SWS生产的精密枪托类似。但定型的M25取消了钢垫而采用麦克米兰公司生产的M3A枪托。第10SFG的人和美国战术任务公司的人一起为M25设计了一个消声器，使步枪在安装消声器后仍然维持有比较高的射击精度。

英文名称： M25 Sniper Weapon System
研制国家： 美国
类型： 狙击步枪
制造厂商： 美国陆军特种部队和海军特种部队
枪机种类： 转栓式枪机
服役时间： 1991年至今
主要用户： 美国陆军特种部队、美国海军海豹部队

基本参数

口径	7.62毫米
全长	1125毫米
枪管长	639毫米
全枪重量	4.9千克
有效射程	900米
枪口初速	800米/秒
弹容量	10发、20发

美国雷明顿 M24 狙击手武器系统

M24狙击手武器系统是雷明顿700步枪的衍生型之一，主要提供给军队及警察用户，1988年正式成为美国陆军的制式狙击步枪。

M24特别采用碳纤维与玻璃纤维等材料合成的枪身枪托，由弹仓供弹，装弹5发，发射美国M118式7.62毫米特种弹头比赛弹。该枪的精度较高，射程可达1000米，但每打出一颗子弹都要拉动枪栓一次。M24对气象物候条件的要求很严格，潮湿空气可能改变子弹方向，而干热空气又会造成子弹打高。为了确保射击精度，该枪设有瞄准具、夜视镜、聚光镜、激光测距仪和气压计等配件，远程狙击命中率较高，但使用较为烦琐。

英文名称：	Remington M24 Sniper Weapon System
研制国家：	美国
类型：	狙击步枪
制造厂商：	雷明顿公司
枪机种类：	旋转后拉式枪机
服役时间：	1988年至今
主要用户：	美国、英国、巴西等

基本参数	
口径	7.62毫米
全长	1092.2毫米
枪管长	609.6毫米
全枪重量	5.5千克
有效射程	800米
枪口初速	853米/秒
弹容量	5发、10发

美国雷明顿 M40 狙击步枪

M40狙击步枪是雷明顿700步枪的衍生型之一，是美国海军陆战队自1966年以来的制式狙击步枪，其改进型号目前仍在服役。

早期的M40全部装有Redfield 3～9瞄准镜，但瞄准镜及木制枪托在越南战场的炎热潮湿环境下，出现受潮膨胀等严重问题，以致无法使用。之后的M40A1和M40A3换装了玻璃纤维枪托和Unertl瞄准镜，加上其他功能的改进，逐渐成为性能优异的成熟产品。

在美国海军陆战队的狙击作战中，即使用力敲击M40狙击步枪的瞄准镜，其零件位置也会保持不变。2001年，M40步枪衍生型M40A3开发成功，在美国，M40A3狙击步枪被视为现代狙击步枪的先驱，曾出现于阿富汗及伊拉克战场上。

英文名称	Remington M40
研制国家	美国
类型	狙击步枪
制造厂商	雷明顿公司
枪机种类	旋转后拉式枪机
服役时间	1966年至今
主要用户	美国海军陆战队

Infantry Weapons
★ ★ ★

基本参数	
口径	7.62毫米
全长	1117毫米
枪管长	610毫米
全枪重量	6.57千克
有效射程	900米
枪口初速	777米/秒
弹容量	3发、4发、5发、6发

美国雷明顿 XM2010 增强型狙击步枪

XM2010增强型狙击步枪是以M24狙击手武器系统为蓝本，由雷明顿公司研制的手动狙击步枪。2011年1月18日，美国陆军开始向2500名狙击手发配XM2010狙击步枪。同年3月，美国陆军狙击手开始在阿富汗的作战行动之中使用XM2010狙击步枪。

XM2010增强型狙击步枪被视为是M24狙击手武器系统的一个"整体转换升级"，当中包括转换膛室、枪管、弹匣，并增加枪口制退器、消声器，甚至需要新的光学狙击镜、夜视镜以配合新口径的弹道特性。另外还要更换新型枪托，特别是要带有皮卡汀尼导轨，便于安装多种附件。

英文名称：Remington XM2010 Enhanced Sniper Rifle
研制国家：美国
类型：狙击步枪
制造厂商：雷明顿公司
枪机种类： 双大型锁耳型毛瑟式旋转后拉枪机
服役时间：2010年至今
主要用户：美国

Infantry Weapons
★ ★ ★

基本参数	
口径	7.62毫米
全长	1181毫米
枪管长	559毫米
全枪重量	26.68千克
有效射程	1188米
枪口初速	869米/秒
弹容量	5发

美国雷明顿 R11 RSASS 狙击步枪

R11 RSASS 是由雷明顿公司为了替换美国陆军狙击手、观察手、指定射手及班组精确射手的M24狙击步枪而研制的半自动狙击步枪。

为了达到最大精度，R11 RSASS的枪管以416型不锈钢制造，并且经过低温处理，有457.2毫米和558.8毫米两种枪管长度，标准膛线缠距为1∶10。枪口上装上了先进武器装备公司（AAC）的制动器，可减轻后坐力并减小射击时枪口的上扬幅度，还能够利用其装上AAC公司的快速安装及拆卸消声器。R11 RSASS没有内置机械瞄具，但有一条MIL-STD-1913战术导轨在枪托底部，平时装上保护套，可按照射手需要用以安装额外的背带或后脚架。

英文名称：R11 Remington Semi-Automatic Sniper System
研制国家：美国
类型：狙击步枪
制造厂商：雷明顿公司
枪机种类：转栓式枪机
服役时间：2009年至今
主要用户：马来西亚海军特种部队

Infantry Weapons
★ ★ ☆

基本参数

口径	7.62毫米
全长	1003毫米
枪管长	457毫米
全枪重量	5.44千克
有效射程	1000米
枪口初速	840米/秒
弹容量	19发、20发

美国雷明顿 MSR 狙击步枪

MSR是由雷明顿军品分公司所研制、生产及销售的手动狙击步枪，在2009年的射击、狩猎枪械展（SHOT Show）上首次露面。

MSR采用了全新设计的旋转后拉式枪机和机匣，取代了雷明顿武器公司著名产品雷明顿700步枪系列所采用的双大型锁耳型毛瑟式枪机和圆形机匣。MSR的枪口上装上了先进武器装备公司的消焰/制动器，可减少后坐力、枪口上扬和枪口焰，并能够利用其装上先进武器装备公司的泰坦型快速安装及拆卸消声器。

英文名称： Remington Modular Sniper Rifle
研制国家： 美国
类型： 狙击步枪
制造厂商： 雷明顿公司
枪机种类： 旋转后拉式枪机
服役时间： 2009年至今
主要用户： 美国、哥伦比亚等

Infantry Weapons

基本参数

口径	7.62毫米、8.59毫米
全长	1168毫米
枪管长	508毫米
全枪重量	7.71千克
有效射程	1500米
枪口初速	841.25米/秒
弹容量	5发、7发、10发

美国阿玛莱特 AR-30 狙击步枪

AR-30是阿玛莱特公司于2000年在AR-50基础上改进设计,并在SHOT Show上公开,2002年完成设计,2003年开始生产和对民间市场发售的狙击步枪。

AR-30狙击步枪使用哈里斯两脚架和刘波尔德Vari-XⅢ(6.5~20)×50毫米型瞄准镜,在91.4米距离上,平均散布圆直径为3.07厘米。该枪的扳机力小、后坐力小,但制退器有枪口焰现象,且噪声较大。总体来说,AR-30的综合性能好,无论是在军事、执法领域还是在远距离射击比赛和狩猎运动中,都有较好的应用前景。

英文名称	Armalite AR-30
研制国家	美国
类型	狙击步枪
制造厂商	阿玛莱特公司
枪机种类	旋转后拉式枪机
服役时间	2003年至今
主要用户	美国

Infantry Weapons ★★☆

基本参数

口径	8.6毫米
全长	1199毫米
枪管长	660毫米
全枪重量	5.4千克
有效射程	1800米
枪口初速	987米/秒
弹容量	5发

美国阿玛莱特 AR-50 狙击步枪

AR-50 是由阿玛莱特公司于20世纪末研制及生产的单发旋转后拉式枪机重型狙击步枪。目前，该枪已更新为AR-50A1B，装有更平滑顺畅的枪机、新型枪机挡和加固型枪口制动器。AR-50A1B是作为一支经济型的长距离射击比赛用枪而设计的，具有令人惊讶的精度，而其巨大的凹槽枪口制动器也使它发射时的后坐力大大减轻。

虽然AR-50是一支高精度的大口径步枪，但只有一发子弹的AR-50无法在短时间内攻击多个目标。因此AR-50仅作为民用，主打低端市场，其销售价格较同类型武器下降约50%。

英文名称：	Armalite AR-50
研制国家：	美国
类型：	狙击步枪
制造厂商：	阿玛莱特公司
枪机种类：	旋转后拉式枪机
服役时间：	1999年至今
主要用户：	马来西亚皇家海军特种作战部队、美国警察

基本参数	
口径	12.7毫米
全长	1511毫米
枪管长	787.4毫米
全枪重量	16.33千克
有效射程	1800米
枪口初速	840米/秒
弹容量	1发

美国奈特 M110 半自动狙击手系统

M110半自动狙击手系统（简称M110 SASS）是美国奈特（Knight's Armament Company，简称KAC）公司推出的7.62毫米口径半自动狙击步枪，曾被评为"2007年美国陆军十大发明"之一。

M110 SASS采用加长型模块化导轨系统，直接固定在上机匣上，使导轨和机匣一体化，比以往的导轨更稳固，射击时的震动和重复装卸时产生的偏差很小，而且下导轨也可自由装卸。由于密封性加强，减少了泥沙进入护木内的概率。此外，M110 SASS的弹匣释放按钮和保险、拉机柄均可两面操作。

在阿富汗和伊拉克执行作战任务的美军都装备了M110 SASS。有的士兵认为，M110 SASS的半自动发射系统过于复杂，反不如运动机件更少的M24精度高。

英文名称：	
M110 Semi-Automatic Sniper System	
研制国家：	美国
类型：	半自动狙击步枪
制造厂商：	奈特公司
枪机种类：	转栓式枪机
服役时间：	2007年至今
主要用户：	美国、新加坡等

Infantry Weapons
★ ★ ★

基本参数	
口径	7.62毫米
全长	1029毫米
枪管长	508毫米
全枪重量	6.91千克
有效射程	1000米
枪口初速	783米/秒
弹容量	20发

美国奈特 SR-25 半自动狙击步枪

  SR-25 是一款由美国著名枪械设计师尤金·斯通纳基于AR-10自动步枪设计、奈特公司出品的半自动步枪。

  SR-25的枪管采用浮置式安装，枪管只与上机匣连接，两脚架安在枪管套筒上，枪管套筒不接触枪管。SR-25没有机械瞄具，所有型号都有皮卡汀尼导轨用来安装各种型号的瞄准镜或者带有机械瞄具的M16A4提把（准星在导轨前面）。虽然SR-25主打民用市场，但其性能完全达到了军用狙击步枪的要求，而且SR-25的野外分解和维护比M16突击步枪更加方便，在勤务性能方面也毫不逊色。

英文名称：	SR-25 Sniper Rifle
研制国家：	美国
类型：	半自动狙击步枪
制造厂商：	奈特公司
枪机种类：	转栓式枪机
服役时间：	1990年至今
主要用户：	美国

Infantry Weapons

基本参数	
口径	7.62毫米
全长	1118毫米
枪管长	610毫米
全枪重量	4.88千克
有效射程	600米
枪口初速	853米/秒
弹容量	5发、10发、20发

美国 SRS 狙击步枪

　　SRS是由美国沙漠战术武器公司（DTA）研制的无托结构手动狙击步枪，在2008年的美国SHOT Show上首次公开展示。目前，该枪已被格鲁吉亚军队所采用。

　　SRS狙击步枪是为数不多的采用无托结构布局的手动枪机狙击步枪，生产商宣称它比传统型狙击步枪缩短了279.4毫米。由于采用了无托结构，机匣、弹匣和枪机的位置都改为手枪握把后方的枪托内，因此操作上与其他大多数传统式步枪设计略有不同。这种布局也将更多的重量转移到步枪后方，大大提高了武器的平衡性。

英文名称：	Stealth Recon Scout
研制国家：	美国
类型：	狙击步枪
制造厂商：	沙漠战术武器公司
枪机种类：	旋转后拉式枪机
服役时间：	2008年至今
主要用户：	格鲁吉亚

Infantry Weapons
★ ★ ☆

基本参数	
口径	8.59毫米
全长	1008毫米
枪管长	660毫米
全枪重量	5.56千克
有效射程	1737米
枪口初速	870米/秒
弹容量	5发

美国 SAM-R 精确射手步枪

SAM-R是美国海军陆战队班一级单位装备的一种专用的精确射手步枪,是由美国海军陆战队战争实验室经过大量试验后的产物,其名称意为"班用高级神枪手步枪"。

SAM-R普遍使用M16A4改装,下机匣也是标准的M16A4,所以只能进行单发和3发点射。为了提高精度,SAM-R采用M16A1的一道火扳机。枪管是508毫米长的比赛级不锈钢Krieger SS枪管,枪管前端安装标准的A2式消焰器。

英文名称:
Squad Advanced Marksman Rifle

研制国家: 美国

类型: 精确射手步枪

制造厂商:
美国海军陆战队战争实验室

服役时间: 2001年至今

主要用户: 美国海军陆战队

Infantry Weapons

基本参数	
口径	5.56毫米
全长	1000毫米
全枪重量	4.5千克
有效射程	550米
枪口初速	930米/秒
弹容量	20发、30发

美国 M39 EMR 精确射手步枪

M39 EMR是美国海军陆战队于2008年以M14自动步枪的衍生型M14 DMR改装的半自动精确射手步枪，主要装备美国海军陆战队的精确射手及没有侦察狙击手的小队做快速精确射击，而根据任务需要，侦察狙击手有时也会装备M39 EMR作为主要武器以提供比手动步枪更快速的射击速率。EMR也被爆炸物处理小队用作引爆用途。

M39 EMR的伸缩式金属枪托装有可调式托腮板及可调式枪托底板，M14 DMR原有的手枪式握把也进行了改良，M39 EMR版本更为舒适。M39 EMR的机匣上有4条MIL-STD-1913导轨，可安装各种对应此导轨的瞄准镜及影像装置，原本为M40A3狙击步枪配发的M8541侦察狙击手日用瞄准镜现已成为M39 EMR的套件之一。此外，M39 EMR所采用的改良型两脚架比哈里斯S-L两脚架耐用。

英文名称：	
M39 Enhanced Marksman Rifle	
研制国家：	美国
类型：	精确射手步枪
制造厂商：	美国海军陆战队
枪机种类：	转栓式枪机
服役时间：	2008年至今
主要用户：	美国海军陆战队

Infantry Weapons
★ ★ ☆

基本参数	
口径	7.62毫米
全长	1120毫米
枪管长	559毫米
全枪重量	7.5千克
有效射程	770米
枪口初速	865米/秒
弹容量	20发

苏联/俄罗斯 SVD 狙击步枪

SVD 是由苏联设计师德拉贡诺夫在1958~1963年间研制的半自动狙击步枪，也是现代第一支为支援班排级狙击与长距离火力支援用途而专门制造的狙击步枪。

SVD是苏联军队的主要精确射击装备。但由于苏军狙击手是随同大部队进行支援任务，而不是以小组进行渗透、侦察、狙击，以及反器材/物资作战，因此SVD发挥的作用有限，仅仅将班排单位的有效射程提升到800米，更远距离的射击能力则受限于SVD光学器材与枪支性能。即便如此，SVD的可靠性仍然是公认的，这使SVD被长期而广泛的使用，在许多局部冲突中都曾出现。

| 英文名称：SVD |
| 研制国家：苏联 |
| 类型：狙击步枪 |
| 制造厂商：伊热夫斯克兵工厂 |
| 枪机种类：转栓式枪机 |
| 服役时间：1963年至今 |
| 主要用户：苏联、俄罗斯、伊拉克等 |

Infantry Weapons
★ ★ ☆

基本参数	
口径	7.62毫米
全长	1225毫米
枪管长	620毫米
全枪重量	4.3千克
有效射程	800米
枪口初速	830米/秒
弹容量	10发

苏联 / 俄罗斯 SVDK 狙击步枪

SVDK 是SVD狙击步枪的衍生型之一，它继承了SVD的精髓设计，并在局部加以改进。SVDK发射俄罗斯新研制的9.3×64毫米7N33穿甲弹，针对的目标是穿着重型防弹衣或躲藏在掩体后面的敌人。

SVDK的弹匣容量为10发，护木前方配有可折叠的两脚架。在外形上，SVDK的枪管、消焰器和弹匣形状都与SVDS不相同，所以很容易区分开来。SVDK可作为一种轻便的反器材步枪使用，其优点是比普通的反器材步枪要轻便得多，不过缺点是效费比高，因为它的威力远比不上12.7毫米的大口径步枪，射程也比大口径步枪近得多。

英文名称：SVDK
研制国家：苏联
类型：狙击步枪
制造厂商：中央精密机械工程研究院
枪机种类：三锁耳转栓式枪机
服役时间：2006年至今
主要用户：俄罗斯

Infantry Weapons
★★☆

基本参数	
口径	9.3毫米
全长	1250毫米
枪管长	620毫米
全枪重量	6.5千克
有效射程	700米
枪口初速	780米/秒
弹容量	10发

苏联/俄罗斯 VSS 狙击步枪

VSS狙击步枪是AS突击步枪的狙击型，两者是同一系列的武器，也是由彼德罗·谢尔久科领导的小组研制。VSS自20世纪80年代投入使用，在车臣作战的俄罗斯特种部队经常使用这种武器，2004年"别斯兰人质危机"中俄罗斯特种部队也有采用。

VSS狙击步枪取消了独立小握把，改为框架式的木制运动型枪托，枪托底部有橡胶底板。VSS狙击步枪的标准配备是10发弹匣，也可以发射SP-5普通弹，但主要是发射SP-6穿甲弹。

英文名称：VSS
研制国家：苏联
类型：狙击步枪
制造厂商：中央精密机械工程研究院
枪机种类：转栓式枪机
服役时间：1987年至今
主要用户：苏联、俄罗斯、乌克兰等

Infantry Weapons
★ ★ ☆

基本参数	
口径	9毫米
全长	894毫米
枪管长	200毫米
全枪重量	2.6千克
有效射程	400米
枪口初速	290米/秒
弹容量	10发、20发

俄罗斯 SV-98 狙击步枪

SV-98 是由俄罗斯枪械设计师弗拉基米尔·斯朗斯尔研制、伊兹玛什公司生产的手动狙击步枪,以高精度著称。SV-98的射击精度远高于发射同种枪弹的SVD,甚至不逊于以高精度闻名的奥地利TPG-1狙击步枪。不过,SV-98的保养比较烦琐,使用寿命较短。

SV-98狙击步枪的战术定位专一而明确:专供特种部队、反恐部队及执法机构在反恐行动、小规模冲突以及抓捕要犯、解救人质等行动中使用,以隐蔽、突然的高精度射击火力狙杀白天或低照度条件下1000米以内、夜间500米以内的重要有生目标。

英文名称:	SV-98
研制国家:	俄罗斯
类型:	狙击步枪
制造厂商:	伊兹玛什公司
枪机种类:	旋转后拉式枪机
服役时间:	1998年至今
主要用户:	俄罗斯

Infantry Weapons ★★☆

基本参数	
口径	7.62毫米
全长	1200毫米
枪管长	650毫米
全枪重量	5.8千克
有效射程	1000米
枪口初速	820米/秒
弹容量	10发

俄罗斯 SVU 狙击步枪

SVU狙击步枪是1991年应俄罗斯内政部特警队的要求而研发的特别款,主要目的是方便特警队在建筑物中进行火力支援。1994年,俄罗斯内政部部队曾在车臣战争中使用SVU。

SVU狙击步枪采用犊牛式设计,枪身全长缩短至870毫米。由于枪身缩短,照门与准星均改为折叠式,以免干扰PSO-1瞄准镜操作。虽然7.62×54R子弹威力绰绰有余,但是为了抑制反冲并增加射击稳定度,SVU的枪口制动器采用三重挡板设计并且能够与抑制器整合在一起。为适合在近距离战斗中使用,在枪口上还有特制的消声消焰装置。

英文名称:	SVU
研制国家:	俄罗斯
类型:	狙击步枪
制造厂商:	运动及狩猎武器中央设计研究局
枪机种类:	三锁耳转栓式枪机
服役时间:	1994年至今
主要用户:	俄罗斯、伊拉克等

Infantry Weapons
★ ★ ☆

基本参数	
口径	7.62毫米
全长	870毫米
枪管长	520毫米
全枪重量	3.6千克
有效射程	800米
枪口初速	800米/秒
弹容量	10发

俄罗斯 VSK-94 狙击步枪

VSK-94是俄罗斯研制的一种小型微声狙击步枪。它体积娇小,非常适合特种部队使用,所以在俄罗斯特种部队有很高的声誉。

VSK-94发射9×39毫米子弹,能准确地对400米距离内的所有目标发动突击。该枪能安装高效消声器,以便在射击时减小噪音,还能完全消除枪口火焰,能大大提高射手的隐蔽性和攻击的突然性。VSK-94的消音效果极好,在50米的距离上,它的枪声几乎是听不见的。

英文名称:VSK-94
研制国家:俄罗斯
类型:狙击步枪
制造厂商:KBP仪器设计局
枪机种类:转栓式枪机
服役时间:1994年至今
主要用户:俄罗斯

Infantry Weapons
★★★

基本参数	
口径	9毫米
全长	932毫米
全宽	83毫米
全枪重量	2.8千克
有效射程	400米
枪口初速	270米/秒
弹容量	20发

俄罗斯奥尔西 T-5000 狙击步枪

T-5000狙击步枪 为射手提供了多种口径选择，包括.308温彻斯特（7.62×51毫米）、.338拉普阿-马格南（8.6×70毫米）以及.300温彻斯特-马格南（7.62×67毫米）等，以适应多样化的任务需求。在精度方面，T-5000狙击步枪表现出色，其在100米距离内的弹着散布能够控制在0.5MOA以内，部分型号甚至能够达到0.2MOA的高精度水平。

T-5000狙击步枪的机匣通过数控机床精密加工而成，这一先进工艺不仅提升了机匣的结构强度，同时也确保了加工的高精度。枪机组件采用高质量不锈钢材料，同样经过数控机床的精细加工，其表面特别设计有螺旋状排沙槽，这一特性显著增强了枪机在运动过程中的可靠性。枪管采用先进的冷锻技术制造，表面经过硬质阳极氧化处理。

英文名称	Orsis T-5000
研制国家	俄罗斯
类型	狙击步枪
制造厂商	奥尔西集团公司
枪机种类	旋转后拉式枪机
服役时间	2011年至今
主要用户	俄罗斯、叙利亚、泰国等

Infantry Weapons

基本参数	
口径	7.62毫米、8.6毫米
全长	1230毫米、1270毫米
枪管长	673.1毫米、698.5毫米
空枪重量	6.3千克、6.5千克
有效射程	1000米、1500米
枪口初速	925米/秒
弹容量	5发

英国 L42A1 狙击步枪

L42A1是在李-恩菲尔德No.4 Mk I（T）狙击步枪的基础上改装而成的，在20世纪70年代，L42A1开始批量生产并进入英国军队服役。与此同时，皇家轻武器工厂也改装了L42A1的民用型，不但被民间用于射击比赛，也被英国的警察部队所装备。

早期的枪管采用传统的恩菲尔德膛线，后来改为梅特福膛线，所以后期的枪管比较便宜和容易生产。L42A1使用恩菲尔德式弹匣抛壳挺，抛壳挺位于弹匣口后左侧的边缘上。这样的设计使机匣内的固定抛壳挺显得多余。另外机匣也稍加改变，以使新的弹匣插入后能准确定位并保证供弹可靠。

英文名称：	Lee-Enfield L42A1
研制国家：	英国
类型：	狙击步枪
制造厂商：	恩菲尔德兵工厂
枪机种类：	旋转后拉式枪机
服役时间：	1970年至今
主要用户：	英国

Infantry Weapons
★★★

基本参数	
口径	7.62毫米
全长	1181毫米
枪管长	699毫米
全枪重量	4.42千克
有效射程	914米
枪口初速	838米/秒
弹容量	10发

英国 PM 狙击步枪

PM狙击步枪是英国精密国际公司"北极作战"(Arctic Warfare, AW)系列的原型枪,PM狙击步枪主要有步兵用、警用和隐藏式三种。英军购买了超过1200支步兵用PM,并将其命名为L96。

英军在为新型狙击步枪招标时的要求极高,在600米射程首发命中率要达到100%,1000米射程内要获得很好的射击效果,必须采用10发可拆卸弹匣。PM狙击步枪能在包括帕克黑尔M85在内的众多竞争中脱颖而出,其作战性能势必要达到甚至超越英军的选型标准。

英文名称	Precision Marksman
研制国家	英国
类型	狙击步枪
制造厂商	英国精密国际公司
枪机种类	旋转后拉式枪机
服役时间	1982年至今
主要用户	英国、澳大利亚等

Infantry Weapons

基本参数	
口径	7.62毫米
全长	1194毫米
枪管长	655毫米
全枪重量	6.5千克
有效射程	300米
枪口初速	330米/秒
弹容量	10发

英国 AW50 狙击步枪

AW50是AW的衍生型之一，是一支远程精确手动式狙击步枪，可视为AW/L96A1的大型化版本，1997年开始批量生产并进入军队服役。该枪是为了摧毁多种目标而设计的，包括雷达装置、轻型汽车（包括轻型装甲车）、野战工事、船只、弹药库和油库。

AW50狙击步枪是一支非常沉重的武器，连接两脚架时重达15千克，大约是一支典型的突击步枪的4倍。不过，凭借枪口制动器、枪托内部的液压缓冲系统和橡胶制造的枪托底版，AW50的后坐力被控制在可接受的范围内，并大大提高了精准度。据说，AW50能在914.4米的距离上达到1 MOA的精度。

英文名称：	Arctic Warfare 50
研制国家：	英国
类型：	狙击步枪
制造厂商：	英国精密国际公司
枪机种类：	旋转后拉式枪机
服役时间：	1997年至今
主要用户：	英国、德国、澳大利亚等

Infantry Weapons
★★☆

基本参数	
口径	12.7毫米
全长	1420毫米
枪管长	686毫米
全枪重量	13.5千克
有效射程	2000米
枪口初速	936米/秒
弹容量	5发

英国 AS50 狙击步枪

AS50是英国精密国际公司研制的重型半自动狙击步枪（反器材步枪），也是AW的衍生型之一，主要用以打击敌方物资和无装甲或轻装甲作战装备的敌人。

AS50狙击步枪采用了气动式半自动枪机和枪口制动器，令AS50发射时能感受到的后坐力比AW50手动枪机狙击步枪低，并能够更快地狙击下一个目标。AS50还具有可运输性高，符合人体工程学和轻便等优点。它可以在不借助任何工具的情况下于3分钟之内完成分解或重新组装。据说，AS50可以对超过1500米距离的目标进行精确狙击，精度不低于1.5 MOA。

英文名称：	Arctic Semi-automatic 50
研制国家：	英国
类型：	狙击步枪
制造厂商：	英国精密国际公司
枪机种类：	半自动偏移式枪机
服役时间：	2007年至今
主要用户：	英国、美国、澳大利亚等

Infantry Weapons
★ ★ ☆

基本参数	
口径	12.7毫米
全长	1369毫米
枪管长	692毫米
全枪重量	12.3千克
有效射程	1500米
枪口初速	800米/秒
弹容量	5发、10发

德国毛瑟 Kar98K 手动步枪

Kar98K 是由Gew 98毛瑟步枪改进而来的手动步枪，它是二战中德国军队广泛装备的制式步枪，也是战争期间产量最多的轻武器之一。

Kar98K步枪的用途较多，可加装4倍、6倍光学瞄准镜作为狙击步枪投入使用。Kar98K共生产了近13万支并装备部队，还有相当多精度较好的Kar98K被挑选出来改装成狙击步枪。此外，Kar98K还可以加装枪榴弹发射器以发射枪榴弹。二战时期被德军使用过的Kar98K现在已成为世界各地收藏家的珍品，亦是民间射击活动中一种非常普遍的步枪。

英文名称：	Karabiner 98K
研制国家：	德国
类型：	手动步枪
制造厂商：	毛瑟公司
枪机种类：	闭锁式机构
服役时间：	1935年至今
主要用户：	德国、法国、加拿大等

Infantry Weapons

基本参数	
口径	7.92毫米
全长	1110毫米
枪管长	600毫米
全枪重量	3.7千克
有效射程	500米
枪口初速	760米/秒
弹容量	5发

德国 HK417 精确射手步枪

HK417是德国HK公司所推出的7.62毫米步枪，具有准确度高和可靠性高等优点，主要作为精确射手步枪，用于与狙击步枪作高低搭配，必要时仍可作全自动射击。HK417系列目前已装备世界各国多个军警单位，大多作为狙击步枪或精确射手步枪用途。

HK417采用短冲程活塞传动式系统，比AR-10、M16及M4的导气管传动式更可靠，有效减低维护次数，从而提高效能。早期的HK417采用来自HK G3、没有空仓挂机功能的20发金属弹匣，后期改用了类似HK G36的半透明聚合塑料弹匣，这种弹匣除了具空枪挂机功能外，更可直接并联相同弹匣而无须外加弹匣并联器。

英文名称：Heckler & Koch HK417
研制国家：德国
类型：精确射手步枪
制造厂商：HK公司
枪机种类：转栓式枪机
服役时间：2005年至今
主要用户：德国、美国、英国等

Infantry Weapons
★★☆

基本参数	
口径	7.62毫米
全长	1085毫米
枪管长	508毫米
全枪重量	4.23千克
有效射程	700米
枪口初速	789米/秒
弹容量	10发、20发

德国 HK G28 狙击步枪

G28狙击步枪实际上是民用比赛型步枪MR308的衍生型,在2011年10月法国巴黎召开的国际军警保安器材展上首次公开展出,其后又在2012年1月位于美国内华达州拉斯维加斯举办的SHOT Show上推出。G28主要用于装备部队特等射手,以弥补5.56×45毫米NATO口径步枪在400米以上的杀伤力空白。

G28狙击步枪采用短冲程活塞传动式系统,比AR-10、M16及M4的导气管传动式更可靠,有效减低维护次数,从而提高效能。该枪的枪管并非自由浮置式,但护木则是自由浮置式结构。这样的结构设计也是为了尽量减少外部零件对枪管的影响,以提高射击精度。

英文名称:	Heckler & Koch G28
研制国家:	德国
类型:	狙击步枪
制造厂商:	HK公司
枪机种类:	转栓式枪机
服役时间:	2011年至今
主要用户:	德国、法国、波兰等

Infantry Weapons
★ ★ ☆

基本参数	
口径	7.62毫米
全长	1082毫米
枪管长	420毫米
全枪重量	5.8千克
有效射程	800米
枪口初速	785米/秒
弹容量	10发、20发

德国 PSG-1 狙击步枪

PSG-1 是德国HK公司研制的半自动狙击步枪，是世界上最精确的狙击步枪之一。该枪精准度高、威力大，但不适合移动使用，主要作用于远程保护。

PSG-1的精度极佳，出厂试验时每一支步枪都要在300米距离上持续射击50发子弹，而弹着点必须散布在直径8厘米的范围内。这些优点使PSG-1受到广泛赞誉，通常和精锐狙击作战单位联系在一起。PSG-1的缺点在于重量较大，不适合移动使用。此外，其子弹击发之后弹壳弹出的力量相当大，据说可以弹出10米之远。虽然对于警方的狙击手来说不是个问题，但却很大程度上限制了其在军队的使用，因为这很容易暴露狙击手的位置。

英文名称：	Heckler & Koch PSG-1
研制国家：	德国
类型：	狙击步枪
制造厂商：	HK公司
枪机种类：	滚轮延迟反冲式
服役时间：	1972年至今
主要用户：	德国、奥地利、澳大利亚等

Infantry Weapons
★★☆

基本参数	
口径	7.62毫米
全长	1200毫米
枪管长	650毫米
全枪重量	8.1千克
有效射程	1000米
枪口初速	868米/秒
弹容量	5发、20发

德国 MSG90 狙击步枪

MSG90 是德国HK公司研制的半自动军用狙击步枪。MSG90狙击步枪采用了直径较小、重量较轻的枪管，在枪管前端接有一个直径22.5毫米的套管，以增加枪口的重量，在发射时抑制枪管振动。另外，由于套管的直径与PSG-1的枪管一样，所以MSG90可以安装PSG-1所用的消声器。

MSG90未装机械瞄准具，只配有放大率为12倍的瞄准镜，其分划为100～800米。机匣上还配有瞄准具座，可以安装任何北约制式夜视瞄准具或其他光学瞄准镜。和PSG-1一样，MSG90也可以选用两脚架或三脚架支撑射击，虽然三脚架更加稳定，但作为野战步枪，两脚架会比较适合。

英文名称	Heckler & Koch MSG90
研制国家	德国
类型	狙击步枪
制造厂商	HK公司
枪机种类	滚轮延迟反冲式
服役时间	1990年至今
主要用户	德国、美国、泰国等

Infantry Weapons
★ ★ ☆

基本参数	
口径	7.62毫米
全长	1165毫米
枪管长	600毫米
全枪重量	6.4千克
有效射程	800米
枪口初速	800米/秒
弹容量	5发、20发

德国黑内尔 RS9 狙击步枪

RS9狙击步枪被德国联邦国防军采用并命名为G29狙击步枪，作为取代G22狙击步枪（精密国际AWM狙击步枪）的中程狙击步枪。该枪的设计注重人体工程学和模块化，射手可以不使用任何工具就能够根据个人和环境需要对步枪进行调整。

RS9狙击步枪采用冷锻工艺制造的自由浮置式枪管，其标准膛线缠距为254毫米。枪口设计有接口，可安装制动/消焰器，并在需要时更换为战术消音器。从机匣延伸至护木顶部的是一条全尺寸的STANAG 4694北约标准附件导轨，而护木上方的环状包覆部以及骨骼化前托的两侧，则设计有四条较短的北约标准附件导轨，用以加装额外配件。枪托部分设计有可调节的底板，且枪托底部配备了可调节高度的驻锄，以适应不同射手的需求。

英文名称：	Haenel RS9
研制国家：	德国
类型：	狙击步枪
制造厂商：	黑内尔公司
枪机种类：	旋转后拉式枪机
服役时间：	2016年至今
主要用户：	德国

Infantry Weapons

基本参数	
口径	8.6毫米
全长	1275毫米
枪管长	690毫米
空枪重量	7.54千克
有效射程	1500米
枪口初速	1002米/秒
弹容量	10发

法国 FR-F2 狙击步枪

　　FR-F2是FR-F1狙击步枪的改进型，由于FR-F2的射击精度很高，从20世纪90年代开始便成为法国反恐怖部队的主要装备之一，用于在较远距离上打击重要目标，如恐怖分子中的主要人物、劫持人质的嫌犯等。

　　FR-F2狙击步枪的基本结构如枪机、机匣、发射机构都与FR-F1一样。主要改进之处是改善了武器的人机工效，如在前托表面覆盖无光泽的黑色塑料；两脚架的架杆由两节伸缩式架杆改为三节伸缩式架杆，以确保枪在射击时的稳定，有利于提高命中精度。

英文名称：	FR-F2
研制国家：	法国
类型：	狙击步枪
制造厂商：	地面武器工业公司
枪机种类：	旋转后拉式枪机
服役时间：	1985年至今
主要用户：	法国

Infantry Weapons

基本参数	
口径	7.62毫米
全长	1200毫米
枪管长	650毫米
全枪重量	5.3千克
有效射程	800米
枪口初速	820米/秒
弹容量	10发

奥地利 SSG 04 狙击步枪

  SSG 04是奥地利斯泰尔·曼利夏公司在SSG 69基础上研制的旋转后拉式枪机狙击步枪。目前，爱尔兰警察加尔达紧急应变小组和俄罗斯海军空降特种部队都采用了SSG 04。

  SSG 04狙击步枪采用浮置式重型枪管，枪口装有制动器。整支枪的外部经过黑色磷化处理，以改进外貌、增强耐久性、提高抗腐蚀性以及加强抗脱色能力以减少在夜间行动时会被发现的机会。该枪使用工程塑料制成的枪托，配备可调整高低的托腮板和枪托底板以适合使用者身材。枪托表面去除了SSG 69的花纹，令握持更舒适。

英文名称：	SSG 04
研制国家：	奥地利
类型：	狙击步枪
制造厂商：	斯泰尔·曼利夏公司
枪机种类：	旋转后拉式枪机
服役时间：	2004年至今
主要用户：	俄罗斯、爱尔兰等

Infantry Weapons

基本参数

口径	7.62毫米
全长	1175毫米
枪管长	600毫米
全枪重量	4.9千克
有效射程	800米
枪口初速	860米/秒
弹容量	8发、10发

奥地利 SSG 69 狙击步枪

SSG 69是奥地利斯泰尔·曼利夏公司研制的旋转后拉式枪机狙击步枪，目前是奥地利陆军的制式狙击步枪，也被不少执法机关所采用。

SSG 69枪托用合成材料制成，托底板后面的缓冲垫可以拆卸，因此枪托长度可以调整。供弹具为曼利夏运动步枪和军用步枪使用多年的旋转式弹仓，可装弹5发。SSG 69无论在战争还是大大小小的国际比赛之中都证明了它是一支非常精确的步枪，因为SSG 69的精准度大约是0.5 MOA，大大超出奥地利军队最初提出的狙击步枪设计指标。

英文名称:	SSG 69
研制国家:	奥地利
类型:	狙击步枪
制造厂商:	斯泰尔·曼利夏公司
枪机种类:	旋转后拉式枪机
服役时间:	1970年至今
主要用户:	法国、德国、奥地利等

基本参数

口径	7.62毫米
全长	1140毫米
枪管长	650毫米
全枪重量	3.9千克
有效射程	800米
枪口初速	860米/秒
弹容量	5发

奥地利 Scout 狙击步枪

20世纪80年代，美国海军陆战队退役的枪械专家杰夫·库珀提出了一种叫做"向导步枪"（General-Purpose Rifle）的构思，并定义出这种命名为"Scout Rifle"通用步枪的规格，包括便于携带、个人操作的武器，能击倒重量200千克的有生目标，最大长度为1米，总重不超过3千克等。20世纪90年代初奥地利斯泰尔·曼利夏公司根据要求研制出Scout狙击步枪。

Scout狙击步枪的枪机头有4个闭锁凸笋，开锁动作平滑迅速。枪机尾部有待击指示器，当处于待击位置时向外伸出，夜间可以用手触摸到。Scout的枪托由树脂制成，重量很轻。枪托下有容纳备用弹匣的插槽和附件室，枪托前方有整体式两脚架，向下压脚架释放钮就可以打开两脚架。弹匣容量为5发或10发，由合成树脂制成，弹匣两侧有卡笋。

英文名称：	Steyr Scout
研制国家：	奥地利
类型：	狙击步枪
制造厂商：	斯泰尔·曼利夏公司
枪机种类：	旋转后拉式枪机
服役时间：	1983年至今
主要用户：	奥地利、美国等

Infantry Weapons

基本参数

口径	7.62毫米
全长	1039毫米
枪管长	415毫米
全枪重量	3.3千克
有效射程	300~400米
枪口初速	840米/秒
弹容量	5发、10发

奥地利 HS50 狙击步枪

HS50 既可作远程狙击步枪使用，也可以作为反器材步枪使用，于2004年2月在拉斯维加斯的枪械展览会上首次公开展示。

HS50的机头采用双闭锁凸笋，两道火扳机的扳机力为1.8千克。重型枪管上有凹槽，配有高效制动器。枪托的长度可调，托腮板的高度可调。该枪没有机械瞄准具，只能通过皮卡汀尼导轨安装瞄准装置及整体式可折叠可调两脚架等附件。HS50采用非自动射击，没有采用弹匣供弹，一次只能装填一发子弹。

英文名称：	Steyr HS50
研制国家：	奥地利
类型：	狙击步枪
制造厂商：	斯泰尔·曼利夏公司
枪机种类：	旋转后拉式
服役时间：	2004年至今
主要用户：	奥地利

Infantry Weapons

基本参数	
口径	12.7毫米
全长	1370毫米
枪管长	833毫米
全枪重量	12.4千克
有效射程	1500米
枪口初速	760米/秒
弹容量	1发

瑞士 SSG 3000 狙击步枪

SSG 3000是以Sauer 2000 STR比赛型狙击步枪为蓝本设计而成的警用狙击步枪，1997年开始生产，在欧洲及美国的执法机关和军队之中比较常见。

SSG 3000重枪管由碳钢冷锻而成，枪管外壁带有传统的散热凹槽，而枪口位置也带有圆形凹槽。SSG 3000可在枪管上面连上一条长织带遮蔽在枪管上方，其作用是可以防止枪管暴晒下发热，上升的热气在瞄准镜前方产生海市蜃楼，妨碍射手进行精确瞄准。SSG 3000的枪口装置具有制动及消焰功能，两道火扳机可以单/双动击发，其行程和扳机力可调整。

英文名称：	SSG 3000
研制国家：	瑞士
类型：	狙击步枪
制造厂商：	SIG公司
枪机种类：	旋转后拉式枪机
服役时间：	1997年至今
主要用户：	瑞士、英国、泰国等

Infantry Weapons

基本参数	
口径	7.62毫米
全长	1180毫米
枪管长	600毫米
有效射程	800米
枪口初速	830米/秒
弹容量	5发

比利时 FN FAL 自动步枪

FAL 是由比利时枪械设计师塞弗设计的自动步枪，它是世界上最著名的步枪之一，曾是很多国家的制式装备。直到20世纪80年代后期，随着小口径步枪的兴起，许多国家的制式FAL才逐渐被替换。

FAL单发精度高，但由于使用的弹药威力大，射击时后坐力大使连发射击时难以控制，存在散布面较大的问题。不过瑕不掩瑜，由于FAL工艺精良、可靠性好，成为装备国家最广泛的军用步枪之一，FN公司直到20世纪80年代仍在生产。此外，在60～70年代，FAL是西方雇佣兵最爱的武器之一，因此被美国的《雇佣兵》杂志誉为"20世纪最伟大的雇佣兵武器之一"。

英文名称：	FN FAL
研制国家：	比利时
类型：	自动步枪
制造厂商：	FN公司
枪机种类：	短行程导气活塞
服役时间：	1954年至今
主要用户：	比利时、美国、英国等

Infantry Weapons

基本参数	
口径	7.62毫米
全长	1090毫米
枪管长	533毫米
全枪重量	4.25千克
有效射程	650米
枪口初速	840米/秒
弹容量	20发

比利时 FN SPR 狙击步枪

FN SPR是由比利时FN公司研制的手动枪机狙击步枪。2004年，FN SPR被美国联邦调查局的人质救援小组所采用，命名为FNH SPR-USG（US Government，美国政府型），成为该单位的两种手动狙击步枪之一。

FN SPR狙击步枪始终能够保持较高的精度和非常低的维护，其最大特点是内膛镀铬的浮置式枪管和合成枪托。内膛镀铬的好处是枪管更持久、更耐腐蚀和易于清洁维护。

英文名称：	FN Special Police Rifle
研制国家：	比利时
类型：	狙击步枪
制造厂商：	FN公司
枪机种类：	手动枪机
服役时间：	2004年至今
主要用户：	美国联邦调查局

Infantry Weapons

基本参数	
口径	7.62毫米
全长	1117.6毫米
枪管长	609.6毫米
全枪重量	5.13千克
有效射程	500发
枪口初速	700米/秒
弹容量	4发

以色列 SR99 狙击步枪

SR99 是以色列IMI于2000年推出的半自动狙击步枪，由综合安全系统集团（ISSG）设计并且制作。SR99在设计时充分考虑了狙击手的战斗环境和独特操作要求，一切为狙击手着想，利于狙击手迅速投入战斗，具有精确瞄准和连续开火能力。换装枪管后，SR99还可变为普通步枪。

SR99狙击步枪的优点是在野外恶劣环境具有良好的适应性，重量问题虽然影响了加利尔突击步枪的前途，但一支装有瞄准镜并装满子弹的SR99也仅有6.9千克重，对于狙击步枪来说是可以接受的。另外，虽然SR99的射击精度比M14 SWS低，但1.5 MOA的散布精度在半自动狙击步枪来说已属不错。枪托折叠后，SR99的全长只有845毫米，易于携带和隐藏。

英文名称：	SR99
研制国家：	以色列
类型：	狙击步枪
制造厂商：	以色列IMI
枪机种类：	转栓式枪机
服役时间：	2000年至今
主要用户：	以色列

Infantry Weapons

基本参数	
口径	7.62毫米
全长	1112毫米
枪管长	508毫米
全枪重量	5.1千克
有效射程	600米
枪口初速	950米/秒
弹容量	25发

以色列 IWI Dan 狙击步枪

Dan狙击步枪发射.338拉普阿-玛格南（8.6×70毫米）步枪弹，主要用于执行远距离狙击和特定的反器材任务。该枪受到了英国陆军特别空勤团（SAS）的青睐，并获得了积极的使用反馈。

Dan狙击步枪配备了多条MIL-STD-1913战术导轨，这些导轨分别用于安装日间/夜间光学瞄准镜（位于顶部导轨）、两脚架（安装在底部导轨），以及其他战术配件（通过其他导轨）。该步枪拥有一根比赛级自由浮置式枪管，其表面特制凹槽设计，以及枪口端配备的快速装拆式消音器连接螺纹，进一步提高了射击的精确度和适应性。在枪托设计上，Dan狙击步枪采用可折叠式结构，展开时枪械全长达到1280毫米，折叠后长度缩减至1030毫米，提供了更好的携带便利性。

英文名称：
Israel Weapon Industries Dan
研制国家： 以色列
类型： 狙击步枪
制造厂商： 以色列武器工业（IWI）
枪机种类： 旋转后拉式枪机
服役时间： 2014年至今
主要用户： 以色列、英国

Infantry Weapons
★ ★ ☆

基本参数	
口径	8.6毫米
全长	1280毫米
枪管长	737毫米
空枪重量	5.9千克
有效射程	1200米
枪口初速	881米/秒
弹容量	10发

南非 NTW-20 狙击步枪

NTW-20是南非研制的超大口径反器材步枪，主要发射20毫米枪弹，也可通过更换零部件的方式改为发射14.5毫米枪弹。

NTW-20采用枪机回转式工作原理，枪口设有体积庞大的双膛制动器，可以将后坐力保持在可接受的水平。米切姆公司还设计了一种减振缓冲枪架，用于城区及相似环境中的反狙击手作战。NTW-20没有安装机械瞄准具，但装有具备视差调节功能的8倍放大瞄准镜。

NTW-20配备可拆卸弹匣，从左侧插入。该枪由二人携带并操作，两套手提箱中分别携带不同的套件，每套组件约12~15千克，一套携带枪架、枪托、枪身和双脚架，另一套携带枪管、瞄准器和弹匣。NTW-20狙击步枪是一种远距离反器材步枪，具有南非特色拥有强大的火力。

英文名称	NTW-20
研制国家	南非
类型	狙击步枪
制造厂商	丹尼尔防卫企业
枪机种类	滚转式枪机
服役时间	1996年至今
主要用户	南非

Infantry Weapons
★★☆

基本参数

口径	20毫米
全长	1795毫米
枪管长	1000毫米
空枪重量	31.5千克
有效射程	1300米
枪口初速	720米/秒
弹容量	3发

波兰 Bor 狙击步枪

  Bor 是由波兰塔尔努夫公司研制的旋转后拉式枪机狙击步枪。2008年12月，波兰陆军接收了第一批31支Bor狙击步枪。

  Bor狙击步枪采用无托结构，制式型号重6.1千克，枪管长660毫米，另外还有为空降部队研制的枪管长560毫米的型号。波兰陆军最初接收的Bor狙击步枪装有美国里奥波特&史蒂文斯公司的4.5-14×50光学瞄具和夜视瞄准装置，从2009年开始换为波兰PCO公司的CKW昼/夜用瞄具。

英文名称：Bor
研制国家：波兰
类型：狙击步枪
制造厂商：塔尔努夫公司
枪机种类：旋转后拉式枪机
服役时间：2008年至今
主要用户：波兰

Infantry Weapons

基本参数	
口径	7.62毫米
全长	1038毫米
枪管长	660毫米
全枪重量	6.1千克
有效射程	800米
枪口初速	870米/秒
弹容量	10发

波兰 Alex 狙击步枪

Alex 是波兰塔尔努夫公司（OBRSM公司）于2005年研制的狙击步枪，用以取代波兰陆军、宪兵部队和驻伊部队现装备的苏制SVD-M狙击步枪和芬兰TRG-21/22狙击步枪。

Alex狙击步枪为无托结构，采用旋转后拉式枪机。其枪管为自由浮动式重型枪管，长680毫米，枪口装有制动器，可减小30%的后坐力。Alex狙击步枪安装了制式皮卡汀尼导轨，可配用多种机械和光学瞄具。

英文名称：	Alex
研制国家：	波兰
类型：	狙击步枪
制造厂商：	OBRSM公司
枪机种类：	旋转后拉式枪机
服役时间：	2005年至今
主要用户：	波兰

Infantry Weapons ★★★

基本参数	
口径	7.62毫米
全长	1400毫米
枪管长	680毫米
全枪重量	6.8千克
有效射程	800米
枪口初速	870米/秒
弹容量	10发

克罗地亚 RT-20 狙击步枪

RT-20是克罗地亚研制的大口径狙击步枪，20世纪90年代初被克罗地亚军队采用，目前仍有一部分在服役中。该枪是当时世界上最强有力的反器材步枪之一，20毫米口径步枪在当时仅有三种，另外两种为南非NTW-20和芬兰APH-20。

RT-20采用枪机回转式工作原理，使用三个较大的凸块锁住枪管。由于没有设置弹匣，只能单发装填。触发器的肩架和手枪型手柄位于枪管之下。RT-20没有机械瞄准具，但配有望远式光学瞄准镜，安装在枪管上并偏向左侧。

英文名称：RT-20
研制国家：克罗地亚
类型：狙击步枪
制造厂商：RH-Alan公司
枪机种类：旋转后拉式枪机
服役时间：1994年至今
主要用户：克罗地亚

基本参数

口径	20毫米
全长	1330毫米
枪管长	920毫米
全枪重量	19.2千克
有效射程	1800米
枪口初速	850米/秒
弹容量	1发

韩国大宇 K14 狙击步枪

K14狙击步枪在设计上受到了美国雷明顿700步枪的显著影响，这一设计渊源使得熟悉雷明顿700步枪的射手能够迅速适应并上手使用K14狙击步枪。相较于雷明顿700步枪，K14狙击步枪在设计上展现了更高的灵活性和便利性。例如，K14狙击步枪的手动保险设计允许射手仅通过旋转90度即可轻松开关，而雷明顿700步枪则需要旋转180度，这一改进显著提升了操作的便捷性。

K14狙击步枪的整体尺寸较短，这使得它便于射手携带和操作。枪托采用玻璃纤维增强的聚合物材料，结合人体工程学原理，配备了可调节的托腮板和单脚架，以提高射击时的稳定性和舒适性。此外，K14狙击步枪还配备了手枪式握把，增强了握持的稳固性。枪托位置的镂空设计，即使在冬季佩戴手套时也能确保舒适的握持感。

英文名称：	Daewoo K14
研制国家：	韩国
类型：	狙击步枪
制造厂商：	大宇集团
枪机种类：	旋转后拉式枪机
服役时间：	2012年至今
主要用户：	韩国、约旦、伊拉克等

Infantry Weapons
★ ★ ☆

基本参数	
口径	7.62毫米
全长	1150毫米
枪管长	610毫米
空枪重量	7千克
有效射程	800米
枪口初速	610米/秒
弹容量	5发、10发

美国汤普森冲锋枪

1916年，汤普森和汤姆斯·F·莱恩合伙创办了一家自动军械公司，汤普森冲锋枪是该公司成立后研发的最著名的武器之一。但在二战中汤普森冲锋枪才大显神威。该枪重量及后坐力较大、瞄准也较难，尽管如此，它仍然是最具威力及可靠性的冲锋枪之一。

汤普森冲锋枪使用自由枪机，即枪机和相关工作部件都被卡在后方。当扣动扳机后枪机被放开前进，将子弹由弹匣推上膛并且将子弹发射出去，再将枪机后推，弹出空弹壳，循环操作准备射击下一颗子弹。该枪采用鼓式弹匣，虽然这种弹匣能够提供持续射击的能力，但它太过于笨重，不便于携带。该枪射速最高可达1200发/分，此外，接触雨水、灰尘或泥后的表现比同时代其他冲锋枪要优秀。

英文名称：Thompson
研制国家：美国
类型：冲锋枪
制造厂商：自动军械公司
枪机种类：自由枪机
服役时间：1921年至今
主要用户：美国、比利时、意大利等

基本参数

口径	11.43毫米
全长	852毫米
枪管长	270毫米
空枪重量	4.9千克
有效射程	150～250米
枪口初速	285米/秒
弹容量	20发、30发、50发、100发

▲ 汤普森冲锋枪分解图

▼ 士兵使用汤普森冲锋枪作战

苏联 / 俄罗斯 PPSh-41 冲锋枪

　　PPSh-41冲锋枪是二战期间苏联生产数量最多的武器。在斯大林格勒战役中，它起到了非常重要的作用，成为苏军步兵标志性装备之一。

　　PPSh-41冲锋枪采用自由式枪机原理，开膛待机，发射7.62×25毫米托卡列夫手枪弹（苏联标准手枪和冲锋枪使用的弹药）。PPSh-41能够以约1000发/分的射速射击，射速与当时其他大多数军用冲锋枪相比而言是非常高的。

英文名称	PPSh-41
研制国家	苏联
类型	冲锋枪
制造厂商	图拉兵工厂
枪机种类	开放式枪机
服役时间	1941年至今
主要用户	苏联、俄罗斯、乌克兰等

Infantry Weapons ★★☆

基本参数	
口径	7.62毫米
全长	843毫米
枪管长	269毫米
空枪重量	3.63千克
有效射程	150～250米
枪口初速	488米/秒
弹容量	35发、71发

▲ PPSh-41冲锋枪前侧方特写

▼ PPSh-41冲锋枪拆解图

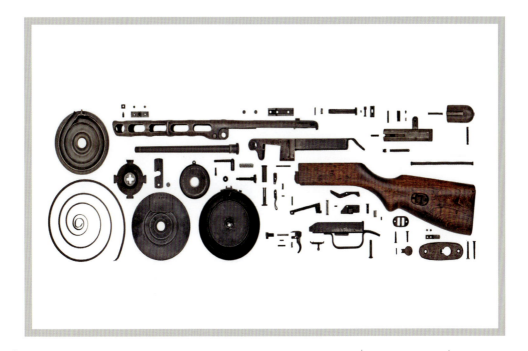

苏联/俄罗斯 KEDR 冲锋枪

  KEDR冲锋枪原型最早于1970年推出，但却在1994年才正式服役。KEDR冲锋枪体积小，重量轻，非常便于携带。目前俄罗斯特种部队以及其他军种都有使用该枪。

  KEDR冲锋枪以反冲作用及闭锁式枪机运作，这种设计比起使用开放式枪机的枪械有着更高的精确度。其供弹具为20发或30发容量的双排弹匣，枪上的可折式枪托可用作减低后坐力。KEDR和KLIN的外形基本一样，只是KLIN对内部做了改进以适合高压的PMM手枪弹。冲量高的PMM弹使KLIN的射速增加到每分钟1100发左右，这使得武器比较难控制，因此KLIN比较适合破坏性大的行动而不是像人质拯救这类任务。当需要安装消声器时，KEDR和KLIN需要更换上一种外表有螺纹的短枪管，安装消声器后全枪长度增加了137毫米。

英文名称：	KEDR
研制国家：	苏联
类型：	冲锋枪
制造厂商：	伊热夫斯克兵工厂
枪机种类：	直接反冲作用
服役时间：	1990年至今
主要用户：	俄罗斯警察部门

Infantry Weapons
★★☆

基本参数	
口径	9毫米
全长	530毫米
枪管长	120毫米
空枪重量	1.57千克
有效射程	70米
枪口初速	310米/秒
弹容量	20发、30发

俄罗斯 PP-2000 冲锋枪

PP-2000冲锋枪的设计初衷是作为非军事人员的个人防卫武器,同时,它也能满足特种部队和特警队的室内近战需求。该枪采用了自由枪机,但为了提升射击精度,特别设计为?闭膛待击方式。枪机为包络式,其前端部分突出于机匣之外,同时充当上膛推柄。

PP-2000的枪身由耐用的单块聚合物制成,这不仅减轻了整体重量,还增强了耐腐蚀性。枪口可加装消声器,而机匣顶部的MIL-STD-1913导轨则可用于安装红点镜或全息瞄准镜。快慢机设计便于射手用大拇指直接操作,拉机柄可以左右转动,以适应不同射手的使用习惯。PP-2000冲锋枪主要使用俄罗斯生产的7N21和7N31穿甲弹,这些弹药设计用于在近距离内穿透具有硬装甲防护的防弹背心,具有较高的穿透力。

英文名称	PP-2000
研制国家	俄罗斯
类型	冲锋枪
制造厂商	KBP仪器设计局
枪机种类	自由枪机
服役时间	2006年至今
主要用户	俄罗斯、亚美尼亚

Infantry Weapons

基本参数	
口径	9毫米
全长	555毫米
枪管长	182毫米
空枪重量	1.4千克
有效射程	100米
枪口初速	600米/秒
弹容量	20发、44发

英国斯登冲锋枪

二战初期，英军没有制式冲锋枪，因此只能从美国购买汤普森冲锋枪。但是斯登冲锋枪价格太过于昂贵，另一方面，英军从德军缴获了大量9毫米口径枪弹，鉴于这两个原因，英军打算自己设计一种冲锋枪，要求是既轻巧又便宜，而且还能使用缴获来的枪弹。之后，斯登冲锋枪应运而生。

斯登冲锋枪采用简单的内部设计，横置式弹匣、开放式枪机、后坐作用原理，弹匣装上后可充当前握把。使用9毫米口径枪弹，可以使斯登冲锋枪在室内与堑壕战中发挥持久火力，此外，紧致外形与轻量让它具备绝佳的灵活性。

英文名称：Sten
研制国家：英国
类型：冲锋枪
制造厂商：恩菲尔德公司
枪机种类：开放式枪机
服役时间：1941~1960年
主要用户：英国、法国、意大利等

Infantry Weapons
★★☆

基本参数	
口径	9毫米
全长	760毫米
枪管长	196毫米
空枪重量	3.18千克
有效射程	100米
枪口初速	365米/秒
弹容量	32发

▲ 斯登冲锋枪侧方特写

▼ 斯登冲锋枪枪管及弹匣特写

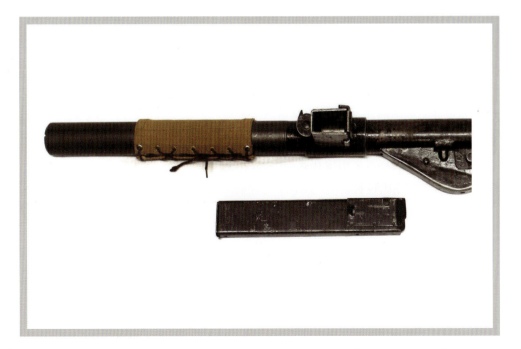

英国斯特林 L2A3 冲锋枪

L2A3冲锋枪的特点是结构简单,加工容易,弹匣容量大,火力持续性好,1956年,L2A3批量装备英军,"斯登"冲锋枪被全部淘汰。目前英国几支特种部队都在使用该枪。

L2A3冲锋枪大量采用冲压件,同时广泛采用铆接、焊接工艺,只有少量零件需要机加工,工艺性较好。该枪采用自由枪机式工作原理,开膛待击,前冲击发。使用侧向安装的34发双排双进弧形弹匣供弹,可选择单、连发发射方式,枪托为金属冲压的下折式枪托,有独立的小握把。瞄准装置采用觇孔式照门和L形翻转表尺,瞄准基线比较长。

英文名称:	Sterling L2A3
研制国家:	英国
类型:	冲锋枪
制造厂商:	斯特林军备公司
枪机种类:	反冲作用
服役时间:	1945年至今
主要用户:	英国、澳大利亚、阿根廷等

Infantry Weapons

基本参数	
口径	9毫米
全长	686毫米
最大射程	200米
空枪重量	2.7千克
有效射程	50~100米
枪口初速	390米/秒
弹容量	34发

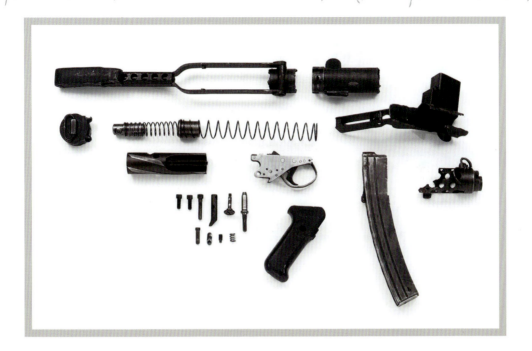

▲ L2A3冲锋枪拆解图

▼ 带长弹匣的L2A3冲锋枪

德国 MP40 冲锋枪

  MP40 是二战期间德国军队使用最广泛、性能最优良的冲锋枪。手持MP40的士兵，后来成为二战中德国军人的象征。实际上，最早的MP40冲锋枪只是由装甲兵和空降部队使用，随着生产量的加大，MP40已经普遍装备基层部队，成为受到作战部队欢迎的自动武器。

  MP40冲锋枪发射9毫米口径鲁格弹，以直型弹匣供弹，采用开放式枪机原理、圆管状机匣，移除枪身上传统的木制组件，握把及护木均为塑料。该枪的折叠式枪托由钢管制成，可以向前折叠到机匣下方，以便于携带，枪管底部的钩状座可由装甲车的射孔向外射击时固定在车体上。

英文名称：	MP40
研制国家：	德国
类型：	冲锋枪
制造厂商：	埃尔马兵工厂
枪机种类：	开放式枪机
服役时间：	1940年至今
主要用户：	德国、比利时、法国等

Infantry Weapons
★★☆

基本参数

口径	9毫米
全长	833毫米
枪管长	251毫米
空枪重量	4千克
有效射程	100米
枪口初速	380米/秒
弹容量	32发

▲ MP40冲锋枪及弹匣

▼ MP40冲锋枪右侧方特写

经典单兵武器鉴赏指南

德国 MP5 冲锋枪

MP5的设计源于1964年HK公司的HK54冲锋枪项目（"5"意为HK第五代冲锋枪，"4"意为使用9×19毫米子弹），以HK G3自动步枪的设计缩小而成。联邦德国政府采用后，正式命名为MP5。MP5冲锋枪的特点是火力猛烈、便于操作、可靠性强、命中精度高，目前它被多个国家的特种部队采用。

MP5采用了与G3自动步枪一样的半自由枪机和滚柱闭锁方式，当武器处于待击状态在机体复进到位前，闭锁楔铁的闭锁斜面将两个滚柱向外挤开，使之卡入枪管节套的闭锁槽内，枪机便闭锁住弹膛。射击后，在火药气体作用下，弹壳推动机头后退。一旦滚柱完全脱离卡槽，枪机的两部分就一起后坐，直到撞击抛壳挺时才将弹壳从枪右侧的抛壳窗抛出。

英文名称：HK MP5
研制国家：德国
类型：冲锋枪
制造厂商：HK公司
枪机种类：半自由枪机
服役时间：1966年至今
主要用户：德国、美国、英国等

Infantry Weapons

基本参数	
口径	9毫米
全长	680毫米
枪管长	225毫米
空枪重量	2.54千克
有效射程	200米
枪口初速	375米/秒
弹容量	15发、30发、弹鼓100发

比利时 FN P90 冲锋枪

P90是FN公司于1990年推出的个人防卫武器，是美国小火器主导计划、北约AC225计划中要求的一种枪械。P90的野战分解非常容易，经简单训练就可在15秒内完成不完全分解，方便保养和维护。

P90能够有限度地同时取代手枪、冲锋枪及短管突击步枪等枪械，它使用的5.7×28毫米子弹能把后坐力降至低于手枪，而穿透力还能有效击穿手枪不能击穿的、具有四级甚至于五级防护能力的防弹背心等个人防护装备。P90的枪身重心靠近握把，有利单手操作并灵活地改变指向。经过精心设计的抛弹口，可确保各种射击姿势下抛出的弹壳都不会影射击。水平弹匣使得P90的高度大大减小，卧姿射击时可以尽量伏低。

英文名称：FN P90
研制国家：比利时
类型：冲锋枪
制造厂商：FN公司
枪机种类：闭锁式枪机
服役时间：1991年至今
主要用户：比利时、巴西、加拿大等

Infantry Weapons
★ ★ ☆

基本参数	
口径	5.7毫米
全长	500毫米
枪管长	264毫米
空枪重量	2.54千克
有效射程	150米
枪口初速	716米/秒
弹容量	50发

以色列乌兹冲锋枪

乌兹冲锋枪是由以色列国防军军官乌兹·盖尔于1948年开始研制的轻型冲锋枪。该枪简单结构，易于生产特点，现已被世界上许多国家的军队、特种部队、警队和执法机构采用。

乌兹冲锋枪最突出的特点是和手枪类似的握把内藏弹匣设计，能使射手在与敌人近战交火时能迅速更换弹匣（即使是黑暗环境），保持持续火力。不过，这个设计也影响了全枪的高度，导致卧姿射击时所需的空间更大。此外，在沙漠或风沙较大的地区作战时，射手必须经常分解清理乌兹冲锋枪，以避免射击时出现卡弹等情况。

英文名称：	Uzi
研制国家：	以色列
类型：	冲锋枪
制造厂商：	IMI
枪机种类：	开放式枪机
服役时间：	1951年至今
主要用户：	以色列、法国、美国等

Infantry Weapons
★ ★ ☆

基本参数	
口径	9毫米
全长	650毫米
枪管长	260毫米
空枪重量	3.5千克
有效射程	120米
枪口初速	400米/秒
弹容量	20发、32发、40发、50发

第 2 章 主战武器

▲ 黑色涂装的乌兹冲锋枪

▼ 巴西海军的特种部队使用微型乌兹冲锋枪

意大利伯莱塔 M12 冲锋枪

M12冲锋枪 于1958年由意大利伯莱塔公司研制生产，1961年开始成为意大利军队的制式装备，也是非洲和南美洲部分国家的制式装备。M12拥有手动扳机阻止装置，能自动令枪机停止在闭锁安全位置的按钮式枪机释放装置，以及必须在主握把下以中指完全地按实的手动安全装置。

M12采用环包枪膛式设计，枪管内外经镀铬处理，长200毫米，其中150毫米是由枪机包覆，这种设计有助缩短整体长度。M12可全自动和单发射击，开放式枪机射速为550发/分，初速为380米/秒，有效射程为200米，后照门可设定瞄准距离为100米或200米。

英文名称：	Beretta Model 12
研制国家：	意大利
类型：	冲锋枪
制造厂商：	伯莱塔公司
枪机种类：	开放式枪机
服役时间：	1959年至今
主要用户：	意大利、美国、法国等

Infantry Weapons

基本参数	
口径	9毫米
全长	660毫米
枪管长	200毫米
空枪重量	3.48千克
有效射程	200米
枪口初速	380米/秒
弹容量	20发、32发、40发

意大利伯奈利 M3 Super 90 霰弹枪

M3 Super 90是一种可半自动可泵动式两用霰弹枪，发射12号口径霰弹。由意大利枪支制造商伯奈利设计及生产。M3 Super 90以半自动的M1 Super 90为基础改进而成，最多可装7发弹药。

M3 Super 90可选择半自动或泵动运作。可靠与多用途令M3 Super 90受到警察部队和民间运动员喜爱。M3 Super 90有多种衍生型，包括为了令执法单位较易携带而装上折叠式枪托的M3T，还有更短版本。

M3 Super 90的上机匣是合金钢，下机匣是特殊铝合金，枪管无喉缩，枪托和护木由碳纤维加增加玻璃纤维制成。由于M3 Super 90有空仓挂机功能，所以当最后一发弹射完后，枪机会停在后方，保持打开状态。这是其他很多霰弹枪所没有的优点。

英文名称：	Benelli M3 Super 90
研制国家：	意大利
类型：	霰弹枪
制造厂商：	伯奈利公司
枪机种类：	半自动操作
服役时间：	1999年至今
主要用户：	意大利、美国、英国等

Infantry Weapons

基本参数	
口径	18.53毫米
全长	1200毫米
枪管长	660毫米
空枪重量	3.54千克
有效射程	40米
枪口初速	385米/秒
弹容量	7发

意大利伯奈利 M4 Super 90 霰弹枪

M4 Super 90 是由意大利伯奈利公司设计和生产的半自动霰弹枪（战斗霰弹枪），被美军所采用并命名为M1014战斗霰弹枪。

M4 Super 90是半自动霰弹枪，但采用了新设计的导气式操作系统，而不是原来的惯性后坐系统。枪机仍然采用有与M1和M3相同的双闭锁凸笋机头，但在枪管与弹仓之间的左右两侧以激光焊接法并排焊有2个活塞筒，每个活塞筒上都有导气孔和一个不锈钢活塞，在活塞筒的前面螺接有排气杆，排气杆上有弹簧阀，多余的火药气体通过弹簧阀逸出。M4 Super 90的伸缩式枪托很特别，其贴腮板可以向右倾斜，这样可以方便戴防毒面具进行贴腮瞄准。

英文名称：	Benelli M4 Super 90
研制国家：	意大利
类型：	霰弹枪
制造厂商：	伯奈利公司
枪机种类：	转栓式枪机
服役时间：	1999年至今
主要用户：	意大利

Infantry Weapons
★ ★ ☆

基本参数	
口径	18.53毫米
全长	885毫米
枪管长	470毫米
空枪重量	3.82千克
有效射程	40米
枪口初速	385米/秒
弹容量	8发

意大利伯奈利 Nova 霰弹枪

Nova（"新星"）霰弹枪是意大利伯奈利公司在20世纪90年代后期研制的泵动霰弹枪，其流线形外表极具科幻风格。Nova霰弹枪是伯奈利公司第一次开发的泵动霰弹枪，原本是作为民用猎枪开发的，但很快就推出了面向执法机构和军队的战术型。

Nova霰弹枪采用独特的钢增强塑料机匣，机匣和枪托是整体式的单块塑料件，机匣部位内置有钢增强板。枪托内装有高效的后坐缓冲器，因此发射大威力的马格努姆弹时也只有较低的后坐力。托底板有橡胶后坐缓冲垫，也有助于控制后坐感。

英文名称	Benelli Nova
研制国家	意大利
类型	霰弹枪
制造厂商	伯奈利公司
枪机种类	泵动式
服役时间	1990年至今
主要用户	美国、意大利

Infantry Weapons
★★☆

基本参数	
口径	18.53毫米
全长	1257毫米
枪管长	711毫米
空枪重量	3.63千克
有效射程	50米
枪口初速	400米/秒
弹容量	8发

美国雷明顿870霰弹枪

  雷明顿870是由美国雷明顿公司制造的泵动式霰弹枪，从20世纪50年代初至今，它一直是美国军、警界的专用装备，美国边防警卫队尤其钟爱此枪。

  雷明顿870霰弹枪在恶劣气候条件下的耐用性和可靠性较好，尤其是改进型M870霰弹枪，采用了许多新工艺和附件，如采用了金属表面磷化处理等工艺，采用了斜准星、可调缺口照门式机械瞄具，配了一个弹容量为7发的加长式管形弹匣，在机匣左侧加装了一个可装6个空弹壳的马鞍形弹壳收集器，一个手推式保险按钮，一个三向可调式背带环和配用了一个旋转式激光瞄具。

英文名称：	Remington 870
研制国家：	美国
类型：	霰弹枪
制造厂商：	雷明顿公司
枪机种类：	泵动式
服役时间：	1951年至今
主要用户：	美国、德国、英国等

Infantry Weapons

★★☆

基本参数	
口径	18.53毫米
全长	1280毫米
枪管长	760毫米
空枪重量	3.6千克
有效射程	40米
枪口初速	404米/秒
弹容量	9发

美国雷明顿 1100 霰弹枪

  雷明顿1100是美国雷明顿公司研制的半自动气动式霰弹枪，被认为是第一种在后坐力、重量和性能上获得满意改进的半自动霰弹枪，在运动射击中比较常见和流行。

  雷明顿1100拥有12号、16号、20号等多种口径。基础型号弹仓装弹为5发，但执法机构的特制型号为10发。由于其优异的设计和性能，该型霰弹枪还保持着连续射击24000发而不出现故障的惊人纪录。雷明顿公司还推出了很多纪念和收藏版本，此外该型还有供左撇子射手使用的12号和16号口径的型号。

英文名称：	Remington 1100
研制国家：	美国
类型：	霰弹枪
制造厂商：	雷明顿公司
枪机种类：	气动式、半自动
服役时间：	1963年至今
主要用户：	美国、巴西、墨西哥等

Infantry Weapons
★★☆

基本参数	
口径	18.53毫米
全长	1250毫米
枪管长	762毫米
空枪重量	3.6千克
有效射程	40米
枪口初速	404米/秒
弹容量	5发、10发

美国莫斯伯格500霰弹枪

　　莫斯伯格500是美国莫斯伯格父子公司专门为警察和军事部队研制的泵动式霰弹枪。该枪也被广泛用于射击比赛、狩猎、居家自卫和实用射击运动。

　　莫斯伯格500有4种口径，分别为12号的500A型、16号的500B型、20号的500C型和.410的500D型。每种型号都有多种不同长度的枪管和弹仓、表面处理方式、枪托形状和材料。其中12号口径的500A型是最广泛的型号。莫斯伯格500的可靠性比较高，而且坚固耐用，加上价格合理，因此是雷明顿870有力的竞争对手。

英文名称：	Mossberg 500
研制国家：	美国
类型：	霰弹枪
制造厂商：	莫斯伯格父子公司
枪机种类：	泵动式
服役时间：	1961年至今
主要用户：	美国、泰国、法国等

Infantry Weapons

基本参数	
口径	18.53毫米
全长	784毫米
枪管长	762毫米
空枪重量	3.4千克
有效射程	40米
枪口初速	475米/秒
弹容量	9发

美国伊萨卡 37 霰弹枪

伊萨卡37是由位于美国纽约州伊萨卡市的伊萨卡枪械公司大量向民用、军用及警用市场销售的泵动式霰弹枪。

伊萨卡37在结构上是一种传统式样的泵动霰弹枪,管状弹仓位于枪管下方,弹仓容量根本不同的型号从4发至8发不等。该枪采用起落式闭锁块闭锁,闭锁块位于枪机尾部,闭锁时向上进入机匣顶部的闭锁槽内。除了个别型号外,大多数伊萨卡37都配备简单的珠形准星和木制枪托、泵动手柄。手动保险为横闩式按钮,位于扳机后方,保险贯穿枪机,起作用时不仅卡住扳机,也卡住枪机不能运动。

英文名称:	Ithaca 37
研制国家:	美国
类型:	霰弹枪
制造厂商:	伊萨卡枪械公司
枪机种类:	泵动式
服役时间:	1937年至今
主要用户:	美国、比利时、加拿大等

Infantry Weapons
★ ★ ☆

基本参数	
口径	18.53毫米
全长	1006毫米
枪管长	760毫米
空枪重量	2.3千克
有效射程	50米
枪口初速	460米/秒
弹容量	4~8发

美国 AA-12 霰弹枪

AA-12是由美国枪械设计师麦克斯韦·艾奇逊于1972年开发的全自动战斗霰弹枪,当时他根据越南战争的经验,认为诸如在东南亚所常见的那种丛林环境中,渗透巡逻队的尖兵急需一种近程自卫武器,其火力和停止作用应比普通步枪大得多,又要瞄准迅速。

AA-12的准星和照门各安装在一个钢制的三角柱上,结构简单。准星可旋转调整高低,而照门通过一个转鼓调整风偏。设计中采用两种形式的鬼环瞄准具,其中一种外形为"8"字形的双孔照门,另一种是普通的单孔照门。目前的AA-12样枪上没有导轨系统,MPS公司(宪兵系统公司)打算将来会增加导轨接口以方便安装各种战术附件,例如各种近战瞄准镜、激光指示器或战术灯等。

英文名称:	Auto Assault-12
研制国家:	美国
类型:	霰弹枪
制造厂商:	宪兵系统公司
枪机种类:	开放式枪机
服役时间:	1988年至今
主要用户:	美国

Infantry Weapons

★ ★ ☆

基本参数	
口径	18.53毫米
全长	991毫米
枪管长	457毫米
空枪重量	5.2千克
有效射程	100米
枪口初速	350米/秒
弹容量	32发

苏联 / 俄罗斯 KS-23 霰弹枪

KS-23霰弹枪的研制始于20世纪70年代，当时苏联内务部要寻找一种用于控制监狱暴动的防暴武器，经过反复研究后，决定用接近4号口径的霰弹枪，可以把催泪弹准确地投掷至100～150米远。为了达到预期的精度，还决定使用线膛枪管。按照这样的要求，中央科研精密机械设备建设研究所在1981年设计出了23毫米口径的KS-23霰弹枪。

KS-23采用泵动原理供弹，管状弹仓并列于枪管下方，再加上所发射的弹药和霰弹结构很相似，都是铜弹底和纸壳，所以在许多资料中都被称为霰弹枪。但该枪却采用线膛枪管，其名称KS-23的意思其实是"23毫米特种卡宾枪"。目前，KS-23系列仍然是俄罗斯执法部队所使用的防暴武器。KS-23还有一种民用型，名为TOZ-123，与KS-23原型相比，改为标准的4号口径滑膛枪管。

英文名称：	KS-23
研制国家：	苏联
类型：	霰弹枪
制造厂商：	图拉兵工厂
枪机种类：	泵动式
服役时间：	1970年至今
主要用户：	苏联、俄罗斯

Infantry Weapons

基本参数	
口径	23毫米
全长	1040毫米
枪管长	510毫米
空枪重量	3.85千克
有效射程	150米
枪口初速	210米/秒
弹容量	3发

苏联 / 俄罗斯 Saiga-12 霰弹枪

  Saiga-12霰弹枪由伊热夫斯克兵工厂在20世纪90年代早期研制，其结构和原理基于AK突击步枪，包括长行程活塞导气系统，两个大形闭锁凸笋的转栓式枪机、盒形弹匣供弹。

  Saiga-12有.410、20号和12号三种口径。每种口径都至少有三种类型，分别有长枪管和固定枪托、长枪管和折叠式枪托、短枪管和折叠枪托。后者主要适合作为保安、警察和自卫武器，而且广泛地被执法人员和私人安全服务机构使用。作为一种可靠又有效的近距离狩猎或近战用霰弹枪，Saiga-12的优点是比伯奈利、弗兰基和其他著名的西方霰弹枪要便宜得多。

英文名称：Saiga-12
研制国家：苏联
类型：霰弹枪
制造厂商：伊热夫斯克兵工厂
枪机种类：转栓式枪机
服役时间：1990年至今
主要用户：苏联、俄罗斯

Infantry Weapons

★ ★ ★

基本参数

口径	18.53毫米
全长	1145毫米
枪管长	580毫米
空枪重量	3.6千克
有效射程	100米
枪口初速	280米/秒
弹容量	8发

南非"打击者"霰弹枪

"打击者"霰弹枪是由南非枪械设计师希尔顿·沃克于20世纪80年代研制并且由哨兵武器公司生产的防暴控制和战斗用途霰弹枪,发射12号口径霰弹。在80年代中期,这种霰弹枪向世界各地如南非、美国和其他一些国家出售。

"打击者"霰弹枪的主要优点是弹巢容量大,相当于当时传统霰弹枪弹容量的两倍,而且具有速射能力。即使它在这方面是成功的,但另一方面却有着它的明显缺陷,其旋转式弹巢型弹鼓的体积也过大,而且装填速度较慢,一些基本动作并非没有其一定的缺陷。

英文名称	Striker
研制国家	南非
类型	霰弹枪
制造厂商	哨兵武器公司
枪机种类	纯双动操作扳机
服役时间	1980年至今
主要用户	南非、以色列

Infantry Weapons

基本参数	
口径	18.53毫米
全长	792毫米
枪管长	305毫米
空枪重量	4.2千克
有效射程	40米
枪口初速	260米/秒
弹容量	12发

韩国 USAS-12 霰弹枪

USAS-12 是由美国吉尔伯特设备有限公司在20世纪80年代设计，交由韩国大宇集团所生产的一种全自动战斗霰弹枪，发射12号口径霰弹。

USAS-12采用导气式操作原理，导气系统位于枪管上方，枪机为回转式闭锁原理，为了降低后坐力，采用枪机长行程后坐，这样也降低了全自动时的射速。USAS-12用大容量弹匣或弹鼓供弹，弹容量分别为10发和20发。这两种供弹具均由聚合物制成，其中弹鼓的背板为半透明材料，可让射手观察余弹数。USAS-12的缺点是很笨重，虽然这样的重量有助于抵消部分后坐力。

英文名称	USAS-12
研制国家	韩国
类型	霰弹枪
制造厂商	大宇集团
枪机种类	转栓式枪机
服役时间	1989年至今
主要用户	韩国、哥伦比亚

Infantry Weapons

基本参数	
口径	18.53毫米
全长	960毫米
枪管长	460毫米
空枪重量	5.5千克
有效射程	40米
枪口初速	300～400米/秒
弹容量	10发、20发

美国 M2 重机枪

M2重机枪其实是勃朗宁M1917的口径放大重制版本。1921年，新枪完成基本设计，1923年美军把当时的M2命名为"M1921"，并用于1920年的防空及反装甲用途。

M2重机枪使用12.7毫米口径北约制式弹药，并且有高火力、弹道平稳、极远射程的优点，每分钟450～550发（二战时空用版本为每分钟600～1200发）的射速及后坐作用系统令其在全自动发射时十分稳定，射击精准度高。

M2重机枪是世界上最著名的大口径机枪之一，目前有50多个国家装备，而且大多数西方国家都在使用。美国军队除装备带三脚架的M2重机枪外，还将它装配在步兵战车上作地面支援武器使用，也作坦克上的并列机枪使用。

英文名称：	M2
研制国家：	美国
类型：	重机枪
研发者：	勃朗宁
枪机种类：	后坐作用
服役时间：	1933年至今（M2HB）
主要用户：	美国、德国、伊拉克等

Infantry Weapons
★ ★ ★

基本参数	
口径	12.7毫米
全长	1650毫米
枪管长	1140毫米
空枪重量	38千克
有效射程	1830米
枪口初速	930米/秒
弹容量	110发

经典单兵武器鉴赏指南

▲ 美国海军陆战队士兵正在使用M2重机枪

▼ M2重机枪右侧方特写

美国 M60 通用机枪

M60通用机枪从20世纪50年代末开始在美军服役，直到现在仍是美军的主要步兵武器之一。

M60通用机枪总体来说性能还算优秀，但也有一些设计上的缺点，例如早期型M60的机匣进弹有问题，需要托平弹链才能正常射击。而且该枪的重量较大，不利于士兵携行，射速也相对较低，在压制敌人火力点的时候有点力不从心。

不过作为美军分队中的主要压制武器，M60通用机枪参与过许多作战行动，生产数量甚至达到25万以上。由于其性能稳定可靠，M60不仅能用于地面战斗，也可以装在战斗车辆或飞机上。除美军装备外，英国、意大利等30多个国家的军队也都装备了M60。

| 英文名称：M60 |
| 研制国家：美国 |
| 类型：通用机枪 |
| 制造厂商：萨科防务公司 |
| 枪机种类：气动式、开放式枪机 |
| 服役时间：1957年至今 |
| 主要用户：美国、英国、意大利等 |

Infantry Weapons ★★☆

基本参数	
口径	7.62毫米
全长	1077毫米
枪管长	560毫米
空枪重量	12千克
有效射程	1100米
枪口初速	853米/秒
弹容量	50发、100发、200发

▲ 带有三角架的M60通用机枪

▼ 士兵正在使用M60通用机枪进行任务训练

美国 M249 轻机枪

  M249轻机枪是美国以比利时FN公司的FN Minimi轻机枪为基础改进而成的,从1984年开始至今仍在美军服役。该枪参与的战争包括海湾战争、科索沃战争、伊拉克战争和美国入侵巴拿马等。

  M249轻机枪使用装有200发弹链供弹,在必要时也可以使用弹匣供弹。该枪在护木下配有可折叠式两脚架,并可以调整长度,也可以换用三脚架。此外,相对FN Minimi轻机枪来说,M249轻机枪的改进包括加装枪管护板,采用新的液压气动后坐缓冲器等。美军士兵对M249轻机枪的使用意见不一,有人认为它有耐用和火力强大的优点,但是还需要改进;也有人认为该枪在抵腰和抵肩射击时较难控制。

英文名称:	M249
研制国家:	美国
类型:	轻机枪
制造厂商:	FN公司
枪机种类:	气动式、开放式枪机
服役时间:	1970年至今
主要用户:	美国、泰国、墨西哥等

Infantry Weapons

基本参数	
口径	5.56毫米
全长	1035毫米
枪管长	521毫米
空枪重量	7.5千克
有效射程	1000米
枪口初速	915米/秒
供弹方式	M27弹链

经典单兵武器鉴赏指南

▲ M249轻机枪及弹链

▼ 士兵正在使用M249轻机枪进行射击训练

德国 MG3 通用机枪

MG3 是德国莱茵金属公司生产的弹链供弹通用机枪。该枪以钢板压制方式生产，采用后坐力枪管后退式作用运作，内有一对滚轴的滚轴式闭锁枪机系统，这种设计令枪管在发射时会不断水平来回移动，当枪管移至机匣内部到尽时，闭锁会开启，在 MG3 的枪管进行连续射击时，这个过程会在枪管护套内不断地快速重复。此系统属于一种全闭锁系统，而枪管亦会溢出射击时的瓦斯，并在枪口四周呈星形喷出，在夜间容易产生巨大的射击火焰。MG3 只能全自动发射，当开启保险制时击锤会锁定，无法释放。

MG3 的枪托以聚合物料制造，护木下方装有两脚架及采用射程可调的开放式照门，机匣顶部亦有一个防空用的照门。当加装三脚架作阵地固定式机枪时，会加装一个机枪用望远式瞄准镜作长程瞄准用途。

英文名称：	Machine Gun 3
研制国家：	德国
类型：	通用机枪
制造厂商：	莱茵金属公司
枪机种类：	后坐作用、滚轴式闭锁
服役时间：	1969年至今
主要用户：	德国、法国、意大利等

Infantry Weapons

基本参数

口径	7.62毫米
全长	1225毫米
枪管长	565毫米
空枪重量	11.5千克
有效射程	1200米
枪口初速	820米/秒
弹容量	50发、100发

▲ 美国士兵正在试射MG3机枪

▼ 搭在三脚架上的MG3机枪

德国 HK 21 通用机枪

HK 21通用机枪是HK公司于1961年以HK G3战斗步枪为基础研制的，目前仍在亚洲、非洲和拉丁美洲多个国家的军队中服役。

HK21通用机枪采用击发调变式滚轮延迟反冲式闭锁。枪机上有两个圆柱滚子作为传输元件，以限制驱动重型枪机框的可动闭锁楔铁。该枪除配用两脚架作轻机枪使用外，还可装在三脚架上作重机枪使用。两脚架可安装在供弹机前方或枪管护筒前端两个位置，不过安装在供弹机前方时，虽可增大射界，但精度有所下降；安装在枪管护筒前端时，虽射界减小，但可提高射击精度。

英文名称：	HK 21
研制国家：	德国
类型：	通用机枪
制造厂商：	HK公司等
枪机种类：	滚轮延迟反冲式
服役时间：	1961年至今
主要用户：	德国

Infantry Weapons

基本参数

口径	7.62毫米
全长	1021毫米
枪管长	450毫米
空枪重量	7.92千克
有效射程	1200米
枪口初速	800米/秒
弹容量	50发、100发

德国 HK MG5 通用机枪

  MG5通用机枪采用气动式自动原理、转栓式枪机和开膛待击方式，仅支持全自动射击模式。该枪的设计注重模块化，提供不同长度的枪管、多种枪托、护木、握把以及不同容量的弹链盒，此外还有多种配件可供选择。通过不同的组件和附件组合，MG5通用机枪能够变换为通用型、MG5A2步兵型、MG5S特种部队型以及MG5A1同轴机枪型等多种配置。

  MG5通用机枪使用M13可散式弹链供弹，与MG4轻机枪的抛壳方向一致，均从机匣正下方排出。这种设计的优势在于避免了在机匣侧面设置抛壳窗，从而保持了机匣的结构完整性和强度，确保了机匣的刚度。MG5通用机枪的气体调节器通过插入弹壳底缘拧动进行调节。通过调节，MG5通用机枪的射速可以达到600发/分、700发/分、800发/分，射手可以根据不同的使用环境选择合理的射速。

英文名称：	Heckler & Koch MG5
研制国家：	德国
类型：	通用机枪
制造厂商：	HK公司
枪机种类：	转栓式枪机
服役时间：	2010年至今
主要用户：	德国、葡萄牙、西班牙等

基本参数	
口径	7.62毫米
全长	1160毫米
枪管长	550毫米
空枪重量	11.2千克
有效射程	1000米
枪口初速	840米/秒
弹容量	50发、120发

苏联 / 俄罗斯 RPD 轻机枪

RPD 轻机枪是捷格加廖夫于1943年设计的,有结构简单紧凑、质量较小、使用和携带较为方便等优点。

RPD 轻机枪采用导气式工作原理,闭锁机构基本由DP轻机枪改进而成,属中间零件型闭锁卡铁撑开式,借助枪机框击铁的闭锁斜面撞开闭锁片实现闭锁。该枪采用弹链供弹,供弹机构由大、小杠杆,拨弹滑板,拨弹机,阻弹板和受弹器座等组成,弹链装在弹链盒内,弹链盒挂在机枪的下方。

英文名称:	RPD
研制国家:	苏联
类型:	轻机枪
制造厂商:	科夫罗夫机械厂
枪机种类:	气动式
服役时间:	1944年至今
主要用户:	苏联、俄罗斯、泰国、芬兰等

Infantry Weapons

★ ★ ★

基本参数	
口径	7.62毫米
全长	1037毫米
枪管长	521毫米
空枪重量	7.5千克
有效射程	800米
枪口初速	735 米/秒
弹容量	20发、50发、80发、100发

苏联/俄罗斯 RPK 轻机枪

RPK轻机枪是以AKM突击步枪为基础发展而成的,具有重量轻、机动性强和火力持续性较好的特点。与AKM突击步枪相比,RPK轻机枪的枪管有所增长,而且增大了枪口初速。

RPK轻机枪的弹匣由合金制成,并能够与原来的钢制弹匣通用,后期还研制了一种玻璃纤维塑料压模成型的弹匣。该枪的护木、枪托和握把均采用树脂合成材料,以降低枪支重量并增强结构。RPK轻机枪还配备了折叠的两脚架以提高射击精度,由于射程较远,其瞄准具还增加了风偏调整。

英文名称:RPK
研制国家:苏联
类型:轻机枪
制造厂商:维亚茨基·波利亚内机械制造厂
枪机种类:长行程导气式活塞、转栓式枪机
服役时间:1959年至今
主要用户:苏联、俄罗斯

Infantry Weapons

基本参数	
口径	7.62毫米
全长	1040毫米
枪管长	590毫米
空枪重量	4.8千克
最大射程	1000米
枪口初速	745米/秒
弹容量	60发、100发

苏联／俄罗斯 PK/PKM 通用机枪

1959年，PK通用机枪开始少量装备苏军的机械化步兵连。20世纪60年代初，苏军正式用PK通用机枪取代了SGM轻机枪，之后，其他国家也相继装备PK系列通用机枪。

PK通用机枪的原型是AK-47自动步枪，两者的气动系统及回转式枪机闭锁系统相似。PK通用机枪枪机容纳部用钢板压铸成形法制造，枪托中央也挖空，并在枪管外围刻了许多沟纹，以致PK通用机枪只有9千克。PK通用机枪发射7.62×54毫米口径弹药，弹链由机匣右边进入，弹壳在左边排出。

PKM是PK的改进版本，比原型枪轻，枪管厚度也有所减小。

英文名称：	PK/PKM
研制国家：	苏联
类型：	通用机枪
制造厂商：	捷格佳廖夫设计局等
枪机种类：	气动式、开放式枪机
服役时间：	1960年至今
主要用户：	苏联、俄罗斯、捷克、乌克兰等

基本参数	
口径	7.62毫米
全长	1173毫米
枪管长	658毫米
空枪重量	8.99千克
有效射程	1000米
枪口初速	825米/秒
弹容量	100发、200发、250发

俄罗斯 Kord 重机枪

  Kord重机枪的设计目的是对付轻型装甲目标。目前，Kord重机枪已经建立了其生产线，它正式通过了俄罗斯军队测试并且被俄罗斯军队所采用。

  Kord重机枪的性能、构造和外观上都类似于苏联的NSV重机枪，但内部机构已经被大量的重新设计。这些新的设计让该枪的后坐力比NSV重机枪小了很多，也让其在持续射击时有更大的射击精准度。Kord重机枪新增了构造简单、可以让步兵队更容易使用的6T19轻量两脚架，这样使Kord重机枪可以利用两脚架协助射击。

英文名称：	Kord
研制国家：	俄罗斯
类型：	重机枪
制造厂商：	V.A.狄格特亚耶夫工厂
枪机种类：	转栓式枪机
服役时间：	1998年至今
主要用户：	俄罗斯

Infantry Weapons
★ ★ ★

基本参数

口径	12.7毫米
全长	1625毫米
枪管长	1070毫米
空枪重量	27千克
有效射程	2000米
枪口初速	820~860米/秒
弹容量	50发、150发

俄罗斯 Pecheneg 通用机枪

Pecheneg通用机枪是由俄罗斯联邦工业设计局研发设计的，其设计理念借鉴了苏联的PK通用机枪。

与PK通用机枪相比，Pecheneg通用机枪最主要的改进有几点：第一，该枪使用了一根具有纵向散热开槽的重型枪管，从而消除在枪管表面形成上升热气以及保持枪管冷却，使其射精精准度更高，可靠性更好；第二，该枪能够在机匣左侧的瞄准镜导轨上，安装上各种快拆式光学瞄准镜或是夜视瞄准镜，以额外增加其射击精准度。Pecheneg通机枪的枪管即使持续射击600发子弹，也不会减短其寿命。

英文名称：	Pecheneg
研制国家：	俄罗斯
类型：	通用机枪
制造厂商：	俄罗斯联邦工业设计局
枪机种类：	气动式
服役时间：	1999年至今
主要用户：	俄罗斯

Infantry Weapons
★ ★ ☆

基本参数	
口径	7.62毫米
全长	1155毫米
枪管长	658毫米
空枪重量	8.7千克
有效射程	1500米
枪口初速	825米/秒
弹容量	100发、200发、250发

俄罗斯 RPK-16 轻机枪

RPK-16轻机枪可视为RPK-74轻机枪的现代化改进型及AK-12突击步枪的重枪管自动步枪版本。RPK-16轻机枪以经典的卡拉什尼科夫布局为基础，融合了源自AK-12项目的多项尖端技术。在外观设计上，RPK-16轻机枪与AK-12突击步枪的主要区别在于其浮置式护木较长，下机匣与护木连接处增设了纵向加强筋。此外，RPK-16轻机枪的枪口装置与AK-12突击步枪不同，其枪管设计更为厚重，且快速更换枪管的操作流程也有所区别。

RPK-16轻机枪能够快速更换枪管，提供长短两种枪管选项。该枪还配备了可拆卸的两脚架、快速拆卸式消音器和可拆卸式提把。当安装短枪管时，RPK-16轻机枪的尺寸与AK-12突击步枪相近，但其重型枪管和加强的机匣结构赋予了其在短时间内提供持续密集火力的能力；而使用长枪管时，则能够提供中远距离的精准火力支援。

英文名称：	RPK-16
研制国家：	俄罗斯
类型：	轻机枪
制造厂商：	卡拉什尼科夫集团
枪机种类：	转栓式枪机
服役时间：	2018年至今
主要用户：	俄罗斯

基本参数

口径	5.45毫米
全长	1106毫米
枪管长	580毫米
空枪重量	6千克
有效射程	800米
枪口初速	745米/秒
弹容量	30发、45发、60发、95发

比利时 FN Minimi 轻机枪

FN Minimi 轻机枪是FN公司在20世纪70年代研发的,主要装备步兵、伞兵和海军陆战队。

FN Minimi轻机枪采用开膛待击的方式,增强了枪膛的散热性能,有效防止枪弹自燃。导气箍上有一个旋转式气体调节器,并有三个位置可调:一个为正常使用,可以限制射速,以免弹药消耗量过大;一个位置为在复杂气象条件下使用,通过加大导气管内的气流量,减少故障率,但射速会增高;还有一个是发射枪榴弹时用。

英文名称	FN Minimi
研制国家	比利时
类型	轻机枪
制造厂商	FN公司
枪机种类	气动式、开放式枪机
服役时间	1982年至今
主要用户	比利时、法国、意大利等

Infantry Weapons

基本参数	
口径	5.56毫米
全长	1038毫米
枪管长	465毫米
空枪重量	6.56千克、8.17千克、8.4千克
有效射程	1000米
枪口初速	925米/秒
弹容量	20发、30发、100发

比利时 FN MAG 通用机枪

  FN MAG通用机枪的设计借鉴了美国M1918轻机枪和德国MG42通用机枪，至今已有近60多年的历史。由于其具有战术使用广泛、射速可调、结构坚实、机构动作可靠、适于持续射击等优点，目前仍旧装备于至少75个国家。

  FN MAG机匣为长方形冲铆件，前后两端有所加强，分别容纳枪管节套活塞筒和枪托缓冲器。机匣内侧有纵向导轨，用以支撑和导引枪机和机框往复运动。闭锁支承面位于机匣底部，当闭锁完成时，闭锁杆抵在闭锁支承面上。机匣右侧有机柄导槽，抛壳口在机匣底部。机匣和枪管节套用断隔螺纹连接，枪管可以迅速更换。枪管正下方有导气孔，火药气体经由导气孔进入气体调节器。

英文名称：	FN MAG
研制国家：	比利时
类型：	通用机枪
制造厂商：	FN公司
枪机种类：	开放式枪机
服役时间：	1958年至今
主要用户：	比利时、美国、英国等

Infantry Weapons
★ ★ ☆

基本参数	
口径	7.62毫米
全长	1263毫米
枪管长	487.5毫米
空枪重量	11.79千克
有效射程	600米
枪口初速	825～840米/秒
弹容量	250发

新加坡 Ultimax 100 轻机枪

Ultimax 100轻机枪由新加坡特许工业公司研发生产，其特点是重量轻、命中率高。此枪可选择射击模式包括保险及全自动，部分型号更具有保险、单发、三连发及全自动。除了被新加坡军队采用外，该枪也出口到其他国家。

Ultimax 100轻机枪采用旋转式枪机闭锁系统，枪机前端附有微型闭锁凸耳，只要产生些许旋转角度便可与枪管完成闭锁。该枪最特别之处是它采用恒定后坐机匣运作原理，枪机后坐行程大幅度加长，令射速和后坐力比其他轻机枪低，但射击精准度要高。

英文名称	Ultimax 100
研制国家	新加坡
类型	轻机枪
制造厂商	新加坡特许工业公司等
枪机种类	气动式，转栓式枪机
服役时间	1985年至今
主要用户	新加坡、美国、英国等

Infantry Weapons

基本参数	
口径	5.56毫米
全长	1024毫米
枪管长	508毫米
空枪重量	4.9千克
有效射程	460米
枪口初速	970米/秒
弹容量	30发、100发

南非 SS77 通用机枪

SS77通用机枪是根据苏联的PKM机枪改进而来，于1986年装备南非国防军。虽然该枪知名度不如同时代的其他机枪，但大部分轻武器专家认为它是最好的通用机枪之一。

在SS77的右侧，装填拉柄和活动机件分开的，其上裹有尼龙衬套。枪管结构和比利时的MAG机枪相似，气体调节器安装在导气箍上，此外，枪管后半部外部有纵槽，既可减轻枪管重量，又可增加枪管的散热面积。维克多武器公司还为该机枪配备了一款有着捷克斯洛伐克风格的三脚架，将SS-77安装在三脚架以上便可作为重机枪使用。

英文名称：	Vektor SS-77
研制国家：	南非
类型：	通用机枪
制造厂商：	维克多武器公司等
枪机种类：	开放式枪机
服役时间：	1986年至今
主要用户：	南非、哥伦比亚、马来西亚等

Infantry Weapons
★ ★ ☆

基本参数	
口径	7.62毫米
全长	1155毫米
枪管长	550毫米
空枪重量	9.6千克
有效射程	1800米
枪口初速	840米/秒
弹容量	250发

韩国大宇 K3 轻机枪

K3轻机枪是由韩国S&T大宇集团研发生产的,是韩国继K1A卡宾枪和K2突击步枪之后开发的第三种国产枪械,设计理念借鉴了FN Minimi轻机枪。它的最大优点在于它比M60通用机枪更轻,而且可以与K1A和K2共用子弹。供弹方式来自30发可拆卸式STANAG弹匣或200发M27金属可散式弹链。它既可以展开其两脚架用作班用自动武器角色,又可装在三脚架上用作据点防卫或持续的火力支援。

该枪只能进行连发发射,因此发射机构十分简单,由扳机、阻铁和横闩式保险组成。与FN Minimi轻机枪一样,K3轻机枪扳机底端开有一个圆孔,该圆孔上可以加装冬季用扳机,以方便冬天戴手套时扣动扳机。

英文名称:K3
研制国家:韩国
类型:轻机枪
制造厂商:S&T大宇集团
枪机种类:转栓式枪机
服役时间:1991年至今
主要用户:韩国、哥伦比亚、印度尼西亚等

Infantry Weapons
★★☆

基本参数	
口径	5.56毫米
全长	1030毫米
枪管长	533毫米
空枪重量	6.85千克
有效射程	600~800米
枪口初速	960米/秒
弹容量	200发

韩国大宇 K16 通用机枪

K16通用机枪 发射7.62×51毫米北约标准枪弹，并使用金属制的可散式弹链进行供弹，不兼容弹匣等其他供弹方式。K16通用机枪曾在KUH-1"完美雄鹰"直升机上进行测试，经过30万发子弹的射击后，表现出良好的可靠性，没有出现任何严重问题。

K16通用机枪采用了与K3轻机枪（比利时FN Minimi轻机枪的韩国版）相似的横闩式保险设计。机匣由钢材压制而成，供弹机盖采用铝合金制造。尽管K16通用机枪在设计上与K3轻机枪有相似之处，但其机匣和其他关键部件都经过了放大设计，以适应更大口径的弹药。K16通用机枪的标准配件包括折叠式两脚架、快速更换枪管、气体调节器和消焰器。此外，该枪还配备了可折叠的网状防空瞄准具，以及可折叠的立框式标尺型瞄准具。

英文名称：	Daewoo K16
研制国家：	韩国
类型：	通用机枪
制造厂商：	大宇集团
枪机种类：	转栓式枪机
服役时间：	2021年至今
主要用户：	韩国

Infantry Weapons
★ ★ ☆

基本参数	
口径	7.62毫米
全长	1234毫米
枪管长	559毫米
空枪重量	12千克
有效射程	1100米
枪口初速	840米/秒
弹容量	100发、200发

以色列 Negev 轻机枪

Negev轻机枪是以色列国防军的制式多用途轻机枪，装备的部队包括所有的正规部队和特种部队。Negev轻机枪使用的枪托可折叠存放或展开，这个灵活性已经让Negev被用于多种角色，例如传统的军事应用或在近距离战斗使用中。

Negev是一把可靠及准确的轻机枪，有着轻型、紧凑及适合沙漠作战的优势，更可通过改变部件或设定来执行特别行动而不会减低火力及准确度。后期型Negev配有独立前握把及可拆式激光瞄准器，也可装上短枪管，枪托折叠时不会阻碍弹盒，设计紧凑。更可选择射速每分钟650～850发或每分钟750～1000发。

英文名称	Negev
研制国家	以色列
类型	轻机枪
制造厂商	IMI
枪机种类	气动、转栓式枪机
服役时间	1997年至今
主要用户	以色列、泰国、乌克兰等

Infantry Weapons
★★★

基本参数

口径	5.56毫米
全长	1020毫米
枪管长	460毫米
空枪重量	7.5千克
有效射程	1000米
枪口初速	950米/秒
弹容量	35发、50发

▲ Negev轻机枪及弹链

▼ 使用Negev轻机枪进行射击训练的士兵

法国 AAT-52 通用机枪

　　AAT-52是法国于1952年生产装备的一款通用机枪，设计初衷是以比较简单而且低成本的钢板冲压及焊接方式生产，以减小生产成本及所需的金属原料，同时也缩短了生产所需的时间，并且更容易进行维护及维修。

　　AAT-52是现代通用机枪之中较为特别的，其内部的反冲式操作系统是以杠杆作为基础，发射时，在高压火药燃气的压力推动下，闭锁杠杆会自动卡入机匣内部的闭锁槽内，使得枪机主体快速向后后座。然后闭锁杠杆经过旋转后，与机匣的闭锁槽自动解脱。AAT-52可以装上一种适合步兵使用的两脚架或充当重机枪的三脚架。如果要使用三脚架来连续射击，AAT-52需要装上重型枪管，以便能够较长时间射击后枪管才会热得需要更换，让更多的时间是处于持续扫射状态。

英文名称：AAT-52
研制国家：法国
类型：通用机枪
制造厂商：圣-艾蒂安兵工厂
枪机种类：杠杆延迟气体反冲式
服役时间：1958年至2008年
主要用户：法国、阿根廷、比利时等

Infantry Weapons

基本参数	
口径	7.5毫米
全长	1080毫米
枪管长	600毫米
空枪重量	10.6千克
有效射程	1200米
枪口初速	840米/秒
弹容量	50发、200发

第 3 章

爆破武器

爆破武器是一种用于增援和加大己方火力的武器,不仅威力大,而且杀伤力强。作为步兵作战中重要的辅助武器之一,爆破武器的发展日新月异且种类繁多,其中包括火箭筒、手榴弹、地雷和迫击炮等。

美国 M72 LAW 火箭筒

M72 是由美国黑森东方公司研发的一款轻型反装甲火箭筒，采用一种简单，但却极可靠且安全的电作用保险系统。M72火箭筒列编方式灵活，必要时，单兵可携带2具，可大大提高步兵分队攻坚能力，是小型火箭筒非占编列装的主要代表之一。美军在战斗中一旦发射完M72，就必须将发射器销毁，以免为敌方所使用。由于它的单一发射特性，在加拿大与美国陆军之中，M72就如同小口径弹药一般，是一种配发后不需检查与保养，可长期储存的武器。

在20世纪80年代早期，美国军方原本有意以FGR-17 Viper取代M72，但这个计划因最后陆军决议而取消。同时期与M72反装甲火箭筒结构相似的武器有瑞典制造的Pskott m/68（Miniman）和法国所生产的SARPAC。

英文名称：
M72 Light Anti-Tank Weapon

研制国家： 美国

制造厂商： 黑森东方公司

类型： 反装甲武器

服役时间： 1963年至今

主要用户： 美国、英国、奥地利等

Infantry Weapons

基本参数	
口径	66毫米
全长	881毫米
总重	2.5千克
炮口初速	145米/秒
有效射程	200米

美国"巴祖卡"火箭筒

"巴祖卡"是第一代实战用的单兵反坦克武器,使用固体火箭作为推进器,弹头分为高爆(HE)和高爆反坦克(HEAT)弹头,能够有效对付装甲车以及诸如机枪碉堡一类的防御工事,射程远超出手榴弹的投掷范围。因为其管状外形类似于一种名叫"巴祖卡"的喇叭状乐器(鲍勃·伯恩斯在20世纪30年代发明并推广)而得名。

"巴祖卡"的发射筒为两端开启的整体式钢筒。瞄准具为标尺和准星构成的机械瞄准具。配用的破甲弹的弹体用薄钢板制造,火箭发动机燃烧室、喷管用钢材制成,内有5根单孔双基药柱。"巴祖卡"是单兵反坦克火箭界的开山鼻祖,故该名称也被用作所有肩扛式发射器的统称。

英文名称:	Bazooka
研制国家:	美国
研发者:	罗伯特·戈达德
类型:	反坦克火箭筒
服役时间:	1942年至今
主要用户:	美国、英国、比利时等

Infantry Weapons
★★☆

基本参数

口径	60毫米
全长	1370毫米
总重	5.71千克
炮口初速	81米/秒
有效射程	109米

苏联 / 俄罗斯 RPG-29 火箭筒

RPG-29火箭筒是巴扎尔特国家生产联合体于20世纪80年代在RPG-7火箭筒的基础上改进而成的一种能够由单兵携带并且使用的肩上发射、管射式、后装式设计的火箭筒。它可以发射反装甲战斗车辆用途的PG-29V串联装药式弹头、反坦克高爆火箭弹和反人员用途的TBG-29V温压／FAE火箭弹，前者除了足以击毁现代各种主战坦克的正面装甲以外，并在实战之中证实是为数不多能够贯穿西方主战坦克的复合装甲设计的弹头系统。

RPG-29发射筒分为两段，可折叠起来携行，装有光学瞄准镜。采用单腿支架以便在射击时承受部分重量并保持稳定。

英文名称：	RPG-29
研制国家：	苏联
制造厂商：	巴扎尔特国家生产联合体
类型：	火箭推进榴弹发射器
服役时间：	1989年至今
主要用户：	苏联、俄罗斯、阿根廷、巴西等

Infantry Weapons
★★☆

基本参数

口径	105.2毫米
全长	1000毫米（携行状态）
总重	18.8千克
炮口初速	280米/秒
有效射程	500米

苏联 / 俄罗斯 RPO-A "大黄蜂" 火箭筒

RPO-A "大黄蜂" 是苏军于20世纪70年代末装备的一种新型步兵火箭发射器，主要利用雾化云爆剂吸收空气中氧气之后瞬爆的破坏力，摧毁掩体、野战工事、城镇壁垒、军事器材、装甲战车和消灭暴露的有生目标。它是一款单兵便携式火箭筒，发射筒为密封式设计，士兵能够随时让武器处于待发状态，并可在不需任何援助的情况下发射武器。其用途类似于某些型号的RPG和M72 LAW。

RPO-A "大黄蜂"所发射的火箭弹有3种不同的种类：最基本的弹药为RPO-A，它有着一枚温压的弹头，是为攻击软目标而设计；RPO-Z为一种燃烧弹，用途为纵火并烧毁目标；RPO-D是一种会产生烟雾的弹药。

英文名称：	RPO-A Shmel
研制国家：	苏联
制造厂商：	KBP仪器设计局
类型：	火焰喷射器
服役时间：	1980年至今
主要用户：	苏联、俄罗斯、乌克兰、印度等

Infantry Weapons
★★★

基本参数	
口径	93毫米
全长	920毫米
总重	11千克
炮口初速	125米/秒
有效射程	1000米

俄罗斯/约旦 RPG-32 火箭筒

RPG-32 是由俄罗斯和约旦联合研制并生产的手提式双口径（72毫米和105毫米）反坦克火箭筒。使用时，需要把准直式瞄准镜取出，装置于发射机构部侧面以后再把火箭弹容器套回发射机构部上，即可完成发射准备。

RPG-32 由一根很短而且可重复使用的发射管连折叠式握把、保险装置、瞄准具接口、可拆卸的准直式瞄准镜和一次射击的火箭弹容器所组成。它还可以使用普通的瞄准具作粗略瞄准，就能够轻易地破坏敌人的装甲战车，大大方便了使用火箭筒的射手使用并且战斗。

英文名称：	RPG-32 Hashim
研制国家：	俄罗斯、约旦
制造厂商：	约旦-俄罗斯电子系统公司等
类型：	火箭推进榴弹发射器
服役时间：	2012年至今
主要用户：	俄罗斯、约旦、巴西等

Infantry Weapons

基本参数

口径	72/105毫米
全长	360毫米
总重	3千克
炮口初速	140米/秒
有效射程	700米

德国"飞拳"地对空火箭筒

"飞拳"是一种德国在二战期间开发的多管无制导地对空火箭发射器。旨在摧毁敌人的对地攻击机,并作为单兵携带防空武器。它可上9发火箭弹,使用时托在肩上发射,如同现今的肩射防空导弹,瞄准低飞的敌机按下扳机后会先射出5发,再过0.2秒后再射出其余4发,火箭弹可以命中在500米(理论射高为2000米)低空的敌机,当射完后只要重新在尾部上火箭弹后又可发射。

"飞拳"由扳机发射,有一个可折叠的肩扛式支架和2个手柄。它的弹药匣有点类似转轮手枪的快速装弹器,直接从后膛装弹。采用的自旋稳定固体燃料火箭的弹头使用标准的触发引信,弹头为20毫米高爆弹头。

英文名称:	Fliegerfaust
研制国家:	德国
制造厂商:	雨果施耐德集团
类型:	手提防空火箭弹
服役时间:	1945年
主要用户:	德国

Infantry Weapons
★ ★ ☆

基本参数	
口径	20毫米
全长	1500毫米
总重	6.5千克
炮口初速	350米/秒
有效射程	500米

德国"十字弓"火箭筒

"十字弓"是一款单发式反坦克火箭筒。自2004年以来,"十字弓"火箭筒正逐渐被由新加坡、德国和以色列合作开发的"斗牛士"火箭筒取代,但仍有少量在其他国家服役。

"十字弓"火箭筒的设计使它可以安全地在任何狭小、封闭的空间内直接发射。火箭弹的推进装药位置被设置在两个活塞之间,前面的是火箭弹,而后面的是大量塑料颗粒。推进装药在武器发射的时候膨胀,推动两个活塞。火箭弹会从发射筒前面被喷出来,而塑料颗粒则从筒后喷出。发射筒两端的活塞在发射后会堵塞起来,将炽热气体密封于筒内。

| 英文名称: Armbrust |
| 研制国家: 德国 |
| 制造厂商: |
| 梅塞施密特-伯尔科-布洛姆公司 |
| 类型: 反坦克火箭筒 |
| 服役时间: 1970年至今 |
| 主要用户: 德国 |

Infantry Weapons

基本参数	
口径	67毫米
全长	850毫米
总重	6.3千克
炮口初速	210米/秒
有效射程	300米

德国"铁拳"3火箭筒

"铁拳"3是由德国狄那米特-诺贝尔炸药公司设计并生产的一款反坦克火箭筒,在1973年第一次发出招标,以向西德步兵发配一种有效对付当时苏联装甲部队的武器,从而取代已经属于旧型号的PzF 44 Lanze火箭发射器。目前"铁拳"3仍在多国军队中服役。

"铁拳"3火箭筒能够安全地在一个狭小、封闭的空间发射。它的发射管的后方填充了大量的塑料颗粒,在发射时通过无后坐力的平衡质量原理将塑料颗粒从武器后方喷出。这些塑料颗粒能够减少发射以后明亮的喷焰和扬起的尘土。由于"铁拳"3只能够单发射击,而士兵又往往需要很危险地接近打击目标,因此许多士兵都觉得它非常沉重和烦琐,其发射机构和发射管容易受损和卡弹。

| 英文名称: Panzerfaust 3 |
| 研制国家: 德国 |
| 制造厂商: 狄那米特-诺贝尔炸药公司 |
| 类型: 一次性型无后坐力火箭弹发射器 |
| 服役时间: 1992年至今 |
| 主要用户: 德国、意大利、日本等 |

Infantry Weapons
★ ★ ☆

基本参数	
口径	110毫米
全长	950毫米
总重	2.3千克
炮口初速	115米/秒
有效射程	300米

德国、新加坡/以色列 MATADOR "斗牛士"火箭筒

"斗牛士"火箭筒是世界上最知名的、能够击毁装甲运兵车和轻型坦克的火箭筒之一，是同类产品中最轻巧的一款，目前仍在多国军队中服役。

"斗牛士"火箭筒发射的串联弹头高爆反坦克火箭弹，采用了具有延迟模式引信的机械装置，能够在双重砖墙上造成一个直径大于450毫米的大洞，因此可作为对付那些躲藏在墙壁背后敌人的一种反人员武器，为城镇战斗提供了一种房舍突进的非常规手段。由于高精度武器系统的推进系统设计，所以风向、风速对"斗牛士"发射的火箭弹不会有太大影响。

英文名称:	
Man-portable Anti-Tank Anti-DOoR	
研制国家：德国、新加坡、以色列	
制造厂商:	
狄那米特-诺贝尔炸药公司	
类型：反坦克火箭筒	
服役时间：2000年至今	
主要用户：德国、英国、新加坡等	

Infantry Weapons

基本参数	
口径	90毫米
全长	1000毫米
总重	11.5千克
炮口初速	250米/秒
有效射程	500米

瑞典 AT-4 火箭筒

　　AT-4是目前世界上最为普遍的反坦克武器之一，它取代了美国和北约武器库内的M72 LAW火箭弹，是一种无后坐力火箭筒。

　　AT-4可以使用其他单兵携带武器所不能使用、相对更大规格的炮弹，另外，因为炮管无需承受传统枪炮要承受的强大压力，因此可以设计成很轻。此设计的缺点是它会在武器后方产生很大的"后焰"区域，可能会对邻近友军甚至使用者造成严重的烧伤和压力伤，这使这种武器在封闭地区很难使用。后焰的问题已经被新出现的AT4-CS解决，AT4-CS会在发射时向后方排出盐水以减缓冲击波，此改良使得部队无须再将身体暴露在敌火下即可向敌方装甲运兵车或坦克射击。

| 英文名称：AT-4 |
| 研制国家：瑞典 |
| 制造厂商：绅宝波佛斯动力公司 |
| 类型：反坦克武器 |
| 服役时间：1987年至今 |
| 主要用户：美国、英国、瑞典等 |

Infantry Weapons
★★☆

基本参数	
口径	84毫米
全长	1016毫米
总重	6.7千克
炮口初速	285米/秒
有效射程	300米

美国 Mk 2 手榴弹

Mk 2是美军在二战、朝鲜战争至越南战争中所装备的破片手榴弹，因保险片的形状被称为"鸭嘴手榴弹"，因外观被称为"卵形手榴弹"、"菠萝手榴弹"或"癞瓜手榴弹"。后被M61及M67手榴弹取代。

Mk 2手榴弹为铁铸，外部呈锯齿状，利于在爆炸后产生更多的弹片。它的爆炸杀伤半径是4.5～9米，但弹片最远可杀伤至45.7米的人员，所以要求士兵在投弹后卧倒直至手榴弹爆炸。除普通弹外，Mk2还有强装药弹、发烟弹、训练弹等弹种，外形和普通弹是一样的，靠不同的涂装区别，例如强装药弹体橙色、发烟弹弹颈涂黄色带、训练弹弹体蓝色等。将其引信摘除后，装上M9或M9A1式反坦克枪榴弹的尾管，可作枪榴弹使用，通过枪榴弹发射器用空包弹发射，射程约150米。

英文名称：	Mk 2
研制国家：	美国
制造厂商：	斯普林菲尔德兵工厂
类型：	手榴弹
服役时间：	1918～1960年
主要用户：	美国、阿根廷、巴西等

Infantry Weapons ★★☆

基本参数

全长	111毫米
总重	595克
引爆方式	5秒延迟信管

美国 M67 手榴弹

M67 手榴弹是目前美军主要的单兵爆破武器之一,因为形状的缘故,又被昵称为"苹果"。目前,该弹作为美陆军标准手榴弹之一,仍在装备使用,且主要用于防御作战时杀伤有生目标。

M67 是一种碎片式手榴弹,装有 3~5 秒的延迟信管,可以轻易地投掷到 40 米以外。爆炸后由手榴弹外壳碎裂产生的弹片可以形成半径 15 米的有效范围,半径 5 米的致死范围。球形弹体是爆炸型弹最理想的弹体形状,弹体爆炸后破片分布均匀。

英文名称:	M67
研制国家:	美国
制造厂商:	皮卡汀尼兵工厂
类型:	手榴弹
服役时间:	1968年至今
主要用户:	美国、加拿大

Infantry Weapons

★★☆

基本参数	
直径	63.5毫米
总重	400克
引爆方式	4秒延迟信管

美国 M84 闪光弹

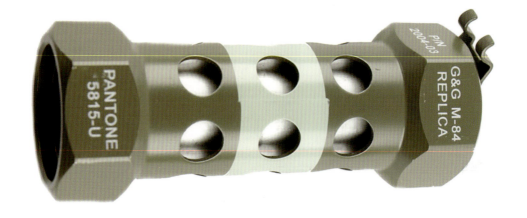

M84闪光弹外面是一层轻薄的金属壳，不会产生破片杀伤，而且还开了许多孔，让闪光和噪声充分释放，因此它不会产生致命的冲击波和破片。

M84 闪光弹经过投掷后，会燃烧镁或者钾以产生令人炫目致晕眩的强光，致使被攻击目标于短时间内发生短暂性失明，使目标顿时丧失反抗能力。M84广泛地被特种警察部队用于拯救人质事件等。除了以人为目标外，M84 闪光弹又被用以投掷坦克上光学器材的膜层，致使探测器失去探测能力。另外，它也有干扰敌人的战术用途。

英文名称：M84
研制国家：美国
制造厂商：皮卡汀尼兵工厂
类型：闪光弹
服役时间：1995年至今
主要用户：美国

Infantry Weapons

基本参数	
全长	133毫米
直径	44毫米
总重	236克

美国 M18 烟幕弹

M18烟幕弹是美国陆军所使用的一种单兵投掷武器,属于战术性的辅助工具。M18烟幕弹主要由弹体和引信两部分组成,弹体和引信体是两个自成完整组件的整体,在引信与弹体结合处又加了金属压片和密封套,因此全弹密封防潮性能较好。在使用M18烟幕弹时,使用者必须注意当时的风向,以方便击中目标。

M18烟幕弹主要作为掩护、分散敌人注意力以及发送信号等用途,是一种非致命的武器,除非不正确的使用才会造成损伤。其内部包含了一个钢铁容器,以及几个专为放射气体所制造的孔眼(位置在于烟幕弹的头尾两端)。

英文名称:M18
研制国家:美国
制造厂商:派因·布拉夫兵工厂
类型:烟幕弹
主要用户:美国

Infantry Weapons

★★★

基本参数	
烟雾保持时间	50～90秒
总重	538克

苏联 RGD-33 手榴弹

RGD-33 是一种著名的有柄手榴弹,苏联在二战中大量装备使用过。由于生产数量很大,二战后部分库存还被用来支援印度支那等地区,一直到越南战争期间仍有部分继续使用。该弹的圆柱形弹体由薄铁皮卷制而成,上下分别有顶盖和底盖,与弹体采用卷边咬合工艺连接在一起。弹体中心位置有一个中心管,用于安装引信。为固定手榴弹的引信管,顶盖上还铆有一个引信管盖片,其对应的一侧铆接有固定引信管盖片的压片,引信管盖片可以旋转,以让出或封闭中心管,当处于封闭状态时,引信管盖片头部被压片压住,防止自动打开。

RGD-33弹体内置一层薄破片套,爆炸时会产生一定量的破片,在一定范围内飞散杀伤,多作为进攻型手榴弹使用。进一步安装可拆卸的外置重型破片套后,破片数量和质量会大幅提高,而且杀伤范围也变大许多,多用于防御。此时投掷后要注意隐蔽,防止被破片所伤。

英文名称:	RGD-33
研制国家:	苏联
类型:	手榴弹
服役时间:	1933~1945年
主要用户:	苏联

Infantry Weapons
★★☆

基本参数	
全长	190毫米
直径	45毫米
总重	500克

苏联／俄罗斯 RGD-5 手榴弹

RGD-5是苏联在二战后研制的一种手榴弹，并在1954年列装苏联军队，目前，俄罗斯仍然库存有大量RGD-5。

RGD-5内装110克三硝基甲苯（TNT）炸药，连UZRGM引信共重310克，比战时生产的F1手榴弹更轻。RGD-5的生产成本低（每个RGD-5的单价只需5美元），便于生产和杀伤力较大且可控（有预制破片结构，在一定半径内威力可观，而又不会造成过大的危险半径）等。RGD-5有一种专为训练而设计的改型，该改型称为URG-N。与RGD-5不同，URG-N是可以重用的，而其弹体上通常都会印有黑白两色的标记。

英文名称：RGD-5
研制国家：苏联
制造厂商：皮卡汀尼兵工厂
类型：手榴弹
服役时间：1954年至今
主要用户：苏联、俄罗斯、叙利亚等

Infantry Weapons

基本参数

全长	117毫米
直径	58毫米
总重	310克

苏联/俄罗斯 RG-42 手榴弹

RG-42 是苏联在二战期间紧急开发的手榴弹，目的是为了取代 RGD-33 手榴弹。RG-42 手榴弹的独特之处在于不再使用铸铁弹体，而是用薄铁板冲压而成。当时世界上大多数手榴弹还在使用铸铁弹体，所以该榴弹的工艺可谓独特而先进。它的外观为圆柱形，分为三个部分，包括引信、上盖和弹体。上盖中心部位压接有一引信座，引信座内加工有螺纹，引信通过引信座旋入弹体。如果去除引信的话，看起来酷似一个军用罐头。

由于该手榴弹的弹体为圆柱形，加上弹体过于光滑，握持时很不顺手。如果投掷的士兵手出汗或者在潮湿环境下容易出现脱手的危险。与 F-1 手榴弹一样，其质量也过大，加上不怎么顺手的弹形，不利于投掷。

英文名称：RG-42
研制国家：苏联
类型：手榴弹
服役时间：1942年至今
主要用户：苏联、俄罗斯

Infantry Weapons
★★☆

基本参数

全长	130毫米
直径	55毫米
总重	420克

苏联/俄罗斯 F-1 手榴弹

  F-1手榴弹是苏联二战时期大量生产使用的一种防御手榴弹。与当时其他国家的防御手榴弹结构基本相同，也是由三大部分即引信、装药和弹体组成。弹体为铸造出的长椭圆形，表面有较深的纵横刻槽，底部是一个平面。

  F-1手榴弹因采用引信不同，可分为早期型和后期型。早期的F-1使用克凡什尼科夫引信，也称K型引信。在RG-42手榴弹出现后，F-1又开始使用 UZRGM引信，这两种引信是苏联后来多种无柄手榴弹通用的引信。

英文名称：F-1
研制国家：苏联
类型：手榴弹
服役时间：1941年至今
主要用户：苏联、俄罗斯、叙利亚、乌克兰等

基本参数	
全长	130毫米
直径	55毫米
总重	600克

德国 24 型柄式手榴弹

24型柄式手榴弹是德国在一战时期推出的一种长柄式手榴弹,并在两次世界大战中都有使用。它非常独特的外表使它被称作"柄状榴弹",是20世纪步兵武器中最易辨识者之一。

24型柄式手榴弹属于进攻型手榴弹,它是在薄壁钢管中填入高爆炸药,依靠爆炸威力杀伤敌人,而非防御型手榴弹的破片式杀伤。1942年,德国又设计了一种有凹沟的破片套,它可套在手榴弹的爆炸头外,使手榴弹在爆炸时产生大量破片,以增强对人员的杀伤力。

英文名称:
Model 24 Stielhandgranate

研制国家:德国

类型:手榴弹

服役时间:1915~1945年

主要用户:德国

Infantry Weapons

★ ★ ☆

基本参数	
全高	356毫米
直径	70毫米
总重	595克

德国 39 型卵状手榴弹

39型卵状手榴弹是二战期间德军所产的手榴弹。它所使用的引信是跟43型柄式手榴弹的一样的BZE 39式引爆器。要使用手榴弹时，先要打开其圆盖，再拉动拉绳，再向敌军投出。

39型卵状手榴弹有标准型、改进型和防御型3个型号。标准型是一种进攻型手榴弹，由弹体和引信组成。弹体由上下两截半卵形薄铁皮焊接的卵形壳体组成；引信是拉发火件，其结构与39型柄式手榴弹的发火件基本相同，只是将拴拉线的磁球改为卵形拉发火柄，这个拉发火柄直接由螺纹连接在引信体上，其使用方法与39型柄式手榴弹也基本相同。发火件的延期时间有很多种，标准的延期时间是4～5秒，最短的延期时间只有1秒。这种短延期引信主要用在需要投掷后立即发火的场合，为了便于使用者识别，在这种引信的拉发火柄上涂有红色标记。

英文名称：
Model 39 Eihandgranate
研制国家： 德国
类型： 手榴弹
服役时间： 1940～1945年
主要用户： 德国

Infantry Weapons
★ ★ ☆

基本参数	
全长	76毫米
直径	60毫米
总重	230克

德国 HHL 磁性反坦克雷

HHL磁性反坦克雷是一种著名的反坦克武器，二战期间曾是为德军单兵标准配备反坦克武器之一。

HHL磁性反坦克雷采用圆锥形结构，圆锥顶端安装有类似M24手榴弹的摩擦引信。圆锥底部的3对磁铁可以方便地吸附在坦克装甲上。HHL磁性反坦克雷可以击穿140毫米的均制钢装甲（或者500毫米厚的混凝土），也就是说，只要将其正确放置到坦克装甲之上，就肯定能够击毁它。因此尽管它也是一种"零距离"的反坦克武器，但是二战期间很多东线德国士兵还是很喜欢使用它。

| 英文名称：Hafthohlladung |
| 研制国家：德国 |
| 类型：地雷 |
| 服役时间：1942～1944年 |
| 主要用户：德国 |

Infantry Weapons
★★☆

基本参数	
全高	275毫米
总重	3千克
引爆方式	延迟4.5秒摩擦式引信

美国 M18A1 "阔刀" 地雷

M18A1 "阔刀" 地雷是美军于20世纪60年代所研发制造的定向人员杀伤地雷，因其拥有高度的稳定性和吓阻威力，因此在许多其他国家亦不难发现其复制或是仿制品。

M18A1内有预制的破片沟痕，因此爆炸时可使破片向一定方向飞出，再加上其内藏的钢珠，可以造成极大的伤害。M18A1的爆炸杀伤范围包括前方50米，以60度广角的扇形范围扩散；而高度则为2～2.4米。其钢珠的最远射程甚至可达250米，包含了100米左右的中度杀伤范围。由于M18A1较轻，因此不但可埋设在路面上，也可挂设在树干或木桩上制成诡雷。它还具有极佳的防水性，浸泡于盐水或淡水2小时之后仍可正常使用。

英文名称：	M18A1 Claymore
研制国家：	美国
类型：	地雷
服役时间：	1960年至今
主要用户：	美国、英国、日本等

Infantry Weapons

★ ★ ☆

基本参数	
全高	275毫米
总重	3千克
引爆方式	有三种方式供选择：指令引爆、敌人触碰启动和延时模式

日本 99 式反坦克手雷

99式反坦克手雷为二战日军地面部队用的反坦克手雷，于1939年量产，也可以当投掷用炸弹。99式反坦克手雷中央雷体是用麻布包裹的钢体罐，内装1.3千克一号淡黄炸药，四边镶有磁铁，使用时拔掉保险销，磕击延迟10秒的雷管后向敌装甲目标投出，可炸毁装甲厚140毫米以下的车辆，投掷时由于有磁铁故会吸附于敌装甲车上。

99式反坦克手雷是在炸药上加上磁铁，并无采用聚能设计的锥形装药，因此引爆时冲击波是向四面八方扩散而未集中一点成为穿甲喷流，故在诺门罕战役证实威力不足，要用6个才能炸毁一辆苏军BT坦克。

英文名称：Type 99 mine
研制国家：日本
类型：地雷
服役时间：1939～1945年
主要用户：日本

Infantry Weapons
★★☆

基本参数	
全高	38毫米
直径	128毫米

美国 M2 火焰喷射器

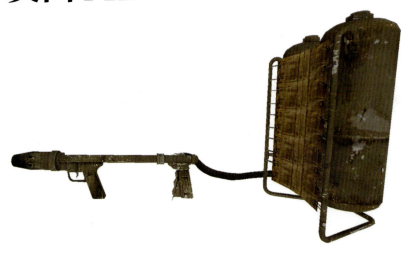

M2 首次使用于二战期间，目前仍是美军一种有效的单兵武器。尽管其实际的焚烧时间只有47秒左右，而且火焰的有效焚烧范围只有大约20~40米，但它仍然是一种有实用性的武器，并且在许多战争中使用。

M2火焰喷射器分为两个部分。第一部分是由士兵背在背部的3个罐子（其中两个大小相等的罐子是装载着混合了柴油和汽油的燃料，而一个较小的是装载着在压力容器内部的推进剂氮），氮气罐位于两罐汽油罐之间和较顶端位置，3个罐子可以安装在一个背包式支架上，并且大量使用帆布包覆着，并有四条帆布材料的背带，射手在休息时仍然可以背在背部。第二部分是火焰喷射器的握把及喷嘴，通过后端的一条软管连接到罐子。

英文名称：	M2 Flamethrower
研制国家：	美国
制造厂商：	
美国陆军化学战争工作局	
类型：	火焰喷射器
服役时间：	1943年至今
主要用户：	美国

Infantry Weapons
★★★

基本参数	
总重	30.84千克
有效射程	19.96米
最大射程	40.23米

苏联 ROKS-3 火焰喷射器

二战中苏联使用的火焰喷射器主要有ROKS-2型和ROKS-3型两种，ROKS-3型是在ROKS-2型的基础上改进而来的。

ROKS-2型和ROKS-3型火焰喷射器的结构基本相同，由油瓶、压缩空气瓶、减压阀、输油管、喷枪和背具组成，其中喷枪类似于步枪，枪体较长并有枪托。ROKS-2型战斗全重22千克，装油量9升，靠压缩空气使燃料喷出，持续时间达6～8秒。ROKS-3型战斗全重23千克，装油量10.5升，能做6～8次的短促喷射和1次连续喷射，喷射距离35米左右。ROKS-2型的油瓶和压力瓶均为扁平形，压力瓶较大；ROKS-3型的油瓶和压力瓶改成圆柱形，压力瓶较小。连接油瓶和喷枪的输油软管有时会破裂，是火焰喷射器的薄弱环节。

英文名称：ROKS-3
研制国家：苏联
类型：火焰喷射器
服役时间：1935～1945年
主要用户：苏联

基本参数	
总重	23千克
燃料总量	10升
最大射程	35米

德国索罗通 S-18/1000 反坦克枪

索罗通S-18/1000反坦克枪是德国研制的一种大口径反坦克步枪（由于口径达20毫米，因此也可称为火炮）。该反坦克枪的威力巨大，可对许多轻型坦克造成威胁。

索罗通S-18/1000反坦克枪的枪管通过一个枪尾闭锁螺帽与枪尾相结合，采用这种设计的理由是：后坐部件在先前运动的过程中进行击发，使后坐力在将反后坐装置退回后方之前，需要先克服枪管和枪机的动量，这样可使反坦克枪的后坐力更为缓和。

英文名称：	Solothurn S-18/1000
研制国家：	德国
制造厂商：	毛瑟公司
类型：	反坦克抢
主要用户：	德国

Infantry Weapons

基本参数	
口径	20毫米
枪长	2159毫米
枪管长	1448毫米
重量	53.5千克
枪口初速	850米/秒

美国 FGM-148"标枪"反坦克导弹

FGM-148"标枪"反坦克导弹

于1989年开始研制,研制工作由德州仪器公司和马丁公司共同完成,1994年开始批量生产,1996年正式服役,取代控制手段落后的M47"龙"式反坦克导弹。现由雷神公司和洛克希德·马丁公司共同生产。

FGM-148"标枪"反坦克导弹是一种射前锁定射后不理导弹,此系统对装甲车辆采用顶部攻击的飞行模式。顶部攻击时的飞高可达150米,直接攻击时则是50米。FGM-148是世界上第一种采用焦平面阵列技术的便携式反坦克导弹。FGM-148"标枪"导弹系统通常由两人小组操作,一名射手和一名携弹员,当射手瞄准和发射导弹时,携弹员搜寻下个目标并注意敌军威胁如车辆和部队。

英文名称:	FGM - 148 Javelin
研制国家:	美国
制造厂商:	洛克希德·马丁公司、雷神公司
类型:	单兵携带式反坦克导弹
服役时间:	1996年至今
主要用户:	美国、英国、澳大利亚等

Infantry Weapons

基本参数	
全长	110厘米
直径	12.7厘米
最大速度	136米/秒
总重量	22.3千克
有效射程	4.75千米

美国BGM-71"陶"式反坦克导弹

BGM-71"陶"式反坦克导弹是美国休斯飞机公司研制的一种管式发射、光学瞄准、红外自动跟踪、有线制导的重型反坦克导弹武器系统,1970年开始服役。

"陶"式导弹的发射平台种类多,使用较为灵活。M220发射器是步兵在使用"陶"式导弹时的发射器,但也可架在其他平台上使用,包括M151 MUTT吉普车、M113装甲运兵车和"悍马"车,这种发射器严格来说可以单兵携带,但非常笨重。"陶"式导弹采用有线制导、射程受限,发射平台也容易遭到敌方火力打击。

英文名称:	BGM-71 Tow
研制国家:	美国
制造厂商:	修斯飞机公司
类型:	单兵携带式反坦克导弹
服役时间:	1970年至今
主要用户:	美国、英国、德国等

Infantry Weapons

基本参数	
全长	151厘米
直径	15.2厘米
总重量	22.6千克
最大速度	320米/秒
有效射程	4.2千米

美国 FIM-92 "毒刺" 防空导弹

FIM-92"毒刺"导弹是美国为了替换"红眼睛"导弹,而在其基础上发展起来的一种单兵肩射近程防空导弹武器系统。该系统于1972年开始研制,1981年正式服役。FIM-92"毒刺"导弹设计为一种防御型导弹,虽然官方要求两人一组操作,但是单人也可操作。

一套FIM-92"毒刺"导弹系统由发射装置组件和一枚导弹、一个控制手柄、一部敌我识别(IFF)询问机和一个氩气体电池冷却器单元(BCU)组成。发射装置组件由一个玻璃纤维发射管和易碎顶端密封盖、瞄准器、干燥剂、冷却线路、陀螺仪-视轴线圈以及一个携带吊带等组成。

英文名称:	FIM-92 Stinger
研制国家:	美国
制造厂商:	雷神公司
类型:	肩射防空导弹
服役时间:	1981年至今
主要用户:	美国、英国、以色列等

Infantry Weapons

基本参数	
全长	152厘米
直径	7厘米
总重量	15.19千克
最大速度	748米/秒
有效射程	8千米

俄罗斯9K333"柳树"防空导弹

9K333"柳树"是俄罗斯研制的第四代红外寻的肩射防空导弹系统，北约代号为SA-29"小装置"（Gizmo）。该导弹系统可以打击固定翼飞机、直升机、无人航空载具、小型导弹和巡航导弹。

9K333"柳树"防空导弹系统的导弹装填在密封的玻璃钢运输和发射管以内。连接在发射管以下的是具有集成电子元件的握把、热电池和带日光瞄准镜的瞄准装置。瞄准装置可与1L229V敌友识别系统和1PN97M热成像仪连接。该导弹由撞击式引信或近炸引信引爆，其垂直打击范围为10～5000米，水平打击范围则是500～6000米。导弹发射以后会自行追踪目标，射手不必继续瞄准目标，发射后的发射平台与导弹之间再无任何关联。

| 英文名称：9K333 Verba |
| 研制国家：俄罗斯 |
| 类型：肩射防空导弹 |
| 制造厂商：科洛姆纳机械设计局 |
| 服役时间：2014年至今 |
| 主要用户： |
| 俄罗斯、亚美尼亚、叙利亚 |

Infantry Weapons

基本参数	
全长	164厘米
直径	7.2厘米
总重量	17.25千克
最大速度	400米/秒
有效射程	6000米

英国"星光"防空导弹

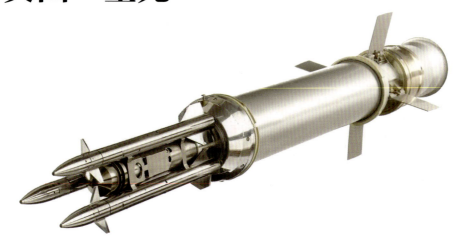

"星光"防空导弹的研制工作于1986年正式开始，1988年首次试验成功，随后继续进行改进设计，1997年装备英国陆军。"星光"导弹最大特点在于采用新型的三弹头设计，弹头由3个"标枪"弹头组成，每个弹头包括高速动能穿甲弹头和小型爆破战斗部。"星光"导弹的控制与制导使用的是半主动视线指挥系统。当主火箭发动机工作完毕，3个"标枪"弹头实现自动分离并开始寻找目标。

"星光"导弹发射时，先由第一级新型脉冲式发动机推出发射筒外，飞行300米后，二级火箭发动机启动。在火箭发动机燃烧完毕后，环布在弹体前端的3个子弹头分离，由激光制导。

英文名称：	Starstreak
研制国家：	英国
制造厂商：	泰雷兹空防公司
类型：	肩射防空导弹
服役时间：	1997年至今
主要用户：	英国、泰国、南非等

Infantry Weapons

★ ★ ☆

基本参数	
全长	139.7厘米
直径	13厘米
总重量	14千克
最大速度	1361米/秒
有效射程	7千米

瑞典 MBT LAW 反坦克导弹

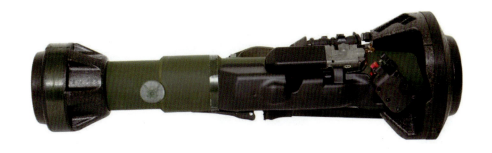

MBT LAW反坦克导弹的重量和长度合理，使得单兵可以轻松携带和操作。MBT LAW配备了一个光学瞄准镜，使用预测瞄准线（PLOS）/惯性制导系统，能够对20～600米范围内的目标进行精确打击。

MBT LAW反坦克导弹采用锥形装药，具有两种攻击目标的模式：一种是掠飞攻顶模式；另一种是直接攻击模式。在掠飞攻顶模式时，导弹发射后会沿着瞄准线上方大约1米的弹道飞行。当导弹到达目标上方时，导弹上的两种传感器会协同工作，触发战斗部的两段串联式锥形装药。这种设计使得导弹能够向下穿透装甲目标的顶部，即使是面对拥有先进顶部防护的主战坦克，也能有效地进行摧毁。而直接攻击模式时，导弹会沿着瞄准线直接飞向目标。在这种模式中，战斗部的引爆不是由传感器控制，而是通过导弹与目标的直接碰撞来触发。

英文名称：Main Battle Tank and Light Anti-tank Weapon
研制国家：瑞典
类型：便携式反坦克导弹
制造厂商：萨博·博福斯动力公司
服役时间：2007年至今
主要用户：
瑞典、英国、瑞士、芬兰等

Infantry Weapons
★ ★ ☆

基本参数	
全长	101.6厘米
直径	15厘米
总重量	12.5千克
最大速度	550米/秒
有效射程	600米

意大利 GLX160 榴弹发射器

GLX160榴弹发射器是一种单发下挂式榴弹发射器,也可通过增加手枪式握把及枪托配件改装成一个独立的肩射型榴弹发射器。它主要发射40×46毫米北约标准低速榴弹,对于点目标的有效射程是100米,对于面目标的有效射程是300米。

GLX160榴弹发射器的主体结构由装填弹药的滑动枪管和后方的击发机构组成。装填弹药时采用枪管滑动式设计,操作者需先按下枪管罩筒后端的锁钮并使枪管向前滑动,然后转动枪管以解锁,从而可以从枪管后方装填弹药。装填完毕后,将枪管复位,击针随即进入待发状态。射手随后瞄准目标并扣动扳机,即可发射榴弹。此外,GLX160榴弹发射器配备有可分离式象限测距瞄准具和立式标尺,这些部件可以安装在独立的改装组件上,或直接安装在步枪上使用。

英文名称:	GLX160
研制国家:	意大利
类型:	榴弹发射器
制造厂商:	伯莱塔公司
枪机种类:	泵动式枪机
服役时间:	2009年至今
主要用户:	意大利、墨西哥、泰国、日本等

Infantry Weapons ★★★

基本参数	
全长	64.3厘米
口径	4厘米
总重量	2.2千克
最大速度	76米/秒
有效射程	300米

第 4 章

冷兵器

冷兵器一般指不利用火药、炸药等热能打击系统、热动力机械系统和现代技术杀伤手段，在战斗中直接杀伤敌人，保护自己的武器装备。社会发展至今，冷兵器由低级到高级，单一到丰富，庞杂到统一，期间经历了一个漫长的过程。但由于某些需要，冷兵器到现在仍然应用于我们生活的方方面面，尤其是在军事方面，在单兵作战中，冷兵器的应用也会有出乎意料的惊喜。

美国蝴蝶 375BK 警务战术直刀

蝴蝶375BK是由美国蝴蝶刀具公司设计并生产的一款警务战术直刀,不仅性能良好,而且携带方便,是一款多功能战斗武器。

蝴蝶375BK警务战术直刀使用D2工具钢制作宽阔水滴头刀身,平磨手法赋予了刀具更强大的切削能力。为了应对更艰难的环境,这款直刀双侧开刃,刀背前端开锋和锋利的刀尖让刀具拥有出色的穿刺能力,而后半部的齿刃则可以用来执行重型切割任务。刀身采用黑色涂层处理,一侧印有蝴蝶标志。一体式的刀柄采用镂空设计,不仅有效地减轻了刀具重量,也可以使用配赠的伞绳进行绑缚成为伞绳柄直刀。

英文名称:	Benchmade 375BK
研制国家:	美国
制造厂商:	蝴蝶刀具公司
类型:	警务战术直刀

Infantry Weapons
★ ★ ☆

基本参数	
总长度	23厘米
刀刃长度	10.6厘米
刃厚	0.43厘米
刃宽	3.3厘米

第 4 章 冷兵器

▲ 黑色涂装的蝴蝶375BK警务战术直刀

▼ 蝴蝶375BK警务战术直刀与刀鞘

美国哥伦比亚河 Hissatsu 战术直刀

Hissatsu战术直刀有着优越的削切能力和深入的穿透破坏力，是战场上备用辅助武器的首选之一，目前被世界各国军警广泛采用。

刀具柄部使用科腾（Kraton）材质裹覆，并依照传统日本样式所制成，有着浓浓的日本武士道气息，并提供令人惊异程度的紧握感。手柄一侧拥有刀锋方向辨识凸点，即使在光线微弱环境也能顺利分辨。注塑成型的子托刀鞘拥有坚固、质轻和安全等诸多优势，配备可移动式背夹，方便使用者进行调整佩戴。

英文名称：	CRKT Hissatsu
研制国家：	美国
制造厂商：	哥伦比亚河刀具公司
类型：	战术直刀

Infantry Weapons
★ ★ ☆

基本参数	
总长度	30.3厘米
刀刃长度	16厘米
刃厚	0.55厘米
刃宽	2.35厘米

美国联合兰博战术直刀

兰博刀 由美国阿肯色州的刀匠吉米·里尔设计。兰博刀独特的外形和实用性在影片《第一滴血》的多个场景中得到充分展示，给观众留下了深刻印象。

兰博刀具有剽悍的外形，强大的功能，刀身造型适合于切割、劈砍、突刺，刀背有大而强悍的双层大背齿。刀锋十分精细且锋利。护手两端特制成十字和一字起子，可以用于旋螺丝。手柄为中空全钢用细绳绑捆，握手坚实防滑；柄内有生存附件：有火柴、鱼钩、鱼线、指北针等，柄后尾尖锥形锤可用于大力敲击，还开有穿绳孔。

英文名称：Rambo
研制国家：美国
制造厂商：联合刀具公司
类型：战术直刀

Infantry Weapons
★ ★ ☆

基本参数	
总长度	35.5厘米
刀刃长度	23厘米
刃厚	0.5厘米
刃宽	3.5厘米

美国夜魔 DOH111 隐藏型战术直刀

DOH111是一款隐藏型战术直刀，曾被美国政府服务机构视为最佳刀具之一，被众多军队、警察所认可，推崇为最具杀伤力的战术刃具武器。

DOH111隐藏型战术直刀根据全天候作战的需要而设计，能在不同的恶劣环境中出色完成各项任务。它没有锁定设计，这是为了避免在恶劣环境中由于过于烦琐的功能，导致战术动作的失常从而带来不必要的危险。刃部长而且锐利，足以穿透战斗机外壳和单兵防弹衣。DOH111充分运用了人机工程学，经过军方测试的手柄镶嵌了高科技石英防滑颗粒，适用于作战时的各种持握方式。

英文名称：DARK OPS DOH111
研制国家：美国
制造厂商：夜魔刀具公司
类型：战术直刀

Infantry
Weapons

基本参数	
总长度	25.2厘米
刀刃长度	14厘米
刃厚	0.6厘米
刃宽	5.3厘米

美国斯巴达"司夜女神"NYX战术直刀

"司夜女神"NYX是一款拥有战斗、实用和生存能力的刀具,是狙击手、突击队员、侦察员和任何士兵野外行动的常用武器之一。刀身采用S35VN高性能钢材锻造,厚重宽大的刀腹让刀具在执行劈砍任务时非常顺手。平磨刃部则提供出色的切削能力,可以帮助野外生存者轻松搭建宿营地,执行切割防护工作。

矛状刀头让刀身拥有出色的指向性和穿刺力,是进行防卫格斗的出色刀具。刀身表面采用黑色氮化锆涂层处理并印刻斯巴达标志及钢材标号,有效保护刀身并防锈。刀根的凹槽设计和刀背曲线让使用者能更随意畅快地精准操控,发挥意想不到的威力。

英文名称:	Spartan NYX
研制国家:	美国
制造厂商:	斯巴达刀具公司
类型:	战术直刀

Infantry Weapons

基本参数	
总长度	25.6厘米
刀刃长度	10.3厘米
刃厚	0.5厘米
刃宽	3.36厘米

美国十字军 TCFM02 战术直刀

TCFM02战术直刀 因有着良好的切割能力、安全性、平衡性和可操作性而备受美国军方青睐。独特的手柄设计利于用户把握，并使得刀具整体重量均衡，既不会影响刃部性能，又让使用者在长时间握持后也不会出现疲倦情况。

TCFM02战术直刀刀身采用S30V高性能不锈钢锻造，刀具尺寸紧凑，便于携带使用；凹磨刃部赋予其出色的功能性；针尖式刀头提供出色的破入力，可形成足够的贯穿伤；刀身采用三重热处理，大大增强了刀身性能并让表面形成氧化纹路；一体式结构让刀身强度十足，足以应对最暴力的使用环境。

英文名称：
Crusader Forge TCFM02

研制国家： 美国

制造厂商： 十字军刀具公司

类型： 战术直刀

Infantry Weapons
★ ★ ☆

基本参数	
总长度	21.8厘米
刀刃长度	10厘米
刃厚	0.64厘米
刃宽	3.46厘米

美国使命 MPT-A2 战术直刀

MPT-A2是由美国使命刀具公司设计并生产的一款战术直刀,是该公司的经典直刀之一,也是最热销的产品之一,具有高保持度、高硬度等优秀特性,以及能够长期保持锋利等优点。

MPT-A2战术直刀刀身采用A2钢材,这种材料的韧性在冷作模具钢中较为突出。因此,用A2制造的刀具很少出现裂纹和崩裂。在材料从模具拿出来后,经高温回火减少了残余应力,因此大大提高了刀具使用寿命。

英文名称:	Mission MPT-A2
研制国家:	美国
制造厂商:	使命刀具公司
类型:	战术直刀

Infantry Weapons

★ ★ ☆

基本参数	
总长度	32.9厘米
刀刃长度	20.2厘米
刃厚	0.2厘米
刃宽	2.65厘米

美国加勒森 MCR 战术直刀

MCR战术直刀 由美国加勒森刀具公司设计并生产，是一款极具杀伤力与破坏感的军用刀具，由加勒森刀具公司创始人肖恩·加勒森设计。

MCR 战术直刀由154-CM不锈钢锻造的锥状刀身拥有极可怕的破坏力，极长的刃部采用平磨工艺处理，在进行切削或战术格斗时能对目标造成极长极深的创口。宽厚的刀身为尖端的破入提供可靠的保障，上翘式的针尖刀头拥有出色的格斗穿刺能力。

英文名称：	Garretson MCR
研制国家：	美国
制造厂商：	加勒森刀具公司
类型：	战术直刀

基本参数	
总长度	23厘米
刀刃长度	11.3厘米
刃厚	0.44厘米
刃宽	4.16厘米

美国罗宾逊 Ex-Files 11 战术直刀

  Ex-Files 11是由美国罗宾逊刀具公司设计并生产的一款战术直刀，是特种部队备用刀具首选之一，绑缚杆棍后能作为矛使用。它可以藏在钱包、手套箱、工具盒、枪袋和口袋等任何地方。这种极好的隐藏性非常适合野外生存。

  Ex-Files 11战术直刀简单实用，一体全钢刀身使用碳钢锻造并整体切割出刀型，刀身一侧雕刻出凹凸式鳞状防滑纹路，一侧则为斜织纹理。手柄呈现匕首式对称外形，刀尾的两个系绳孔可以帮助使用者更好地随身携带。

英文名称：	Robinson Ex-Files 11
研制国家：	美国
制造厂商：	罗宾逊刀具公司
类型：	战术直刀

Infantry Weapons

基本参数	
总长度	16.5厘米
刀刃长度	6.4厘米
刃厚	0.56厘米
刃宽	1.93厘米

美国冷钢 TAC TANTO 战术刀

TAC TANTO 是由美国冷钢刀具公司设计并生产的一款战术刀，因质量轻巧、便于携带，被多国特种部队所采用。

TAC TANTO 是一款几何式全刃战术刀，较为宽阔的强大刀片拥有出色的穿刺力，先进的热处理工艺和打磨出的剃刀般锋利度，让刀具拥有令人难以置信的强度和威力。刀身刃部采用全齿打磨方式处理，尤其适合重型切削任务。刀柄两侧贴附织纹状G-10材质，大大增加了握持力。坚固的珠链吊带和坚固的Secure-Ex安全护套，既让刀具能紧紧地插入刀鞘，又能快速地抽出使用。

英文名称：	Cold Steel TAC TANTO
研制国家：	美国
制造厂商：	冷钢刀具公司
类型：	战术刀

基本参数	
总长度	17.1厘米
刀刃长度	7.9厘米
刃厚	0.26厘米
刃宽	2.8厘米

美国挺进者 BNSS 战术刀

BNSS 是由美国Strider（挺进者）刀具公司设计生产的一款战术刀，主要是用于军事用途。粗犷的外形和带有强悍风格的几何刀头是它给人的第一印象，可以视为一把格斗版的工具刀。

BNSS采用S30V钢材制造，这是一种高铬、高碳、高钼、低杂质的不锈钢，具有很高的硬度和韧性。在制作过程中，经过独特的淬火处理，其过程包括超高温热处理和零下温度淬火，以及增加韧性的特有回火流程。BNSS进行过表面氧化处理，非常坚固耐用，不需要刻意保养。

英文名称：Strider BNSS
研制国家：美国
制造厂商：Strider刀具公司
类型：战术刀

Infantry Weapons

★★☆

基本参数	
总长度	30厘米
刀刃长度	17.8厘米
刃厚	6毫米
重量	560克

美国戈博 LMF II Infantry 生存刀

LMF II Infantry 是为野外长时间逗留而设计的，美国空降部队及各国野战军常配备此刀。除美国外，因为其无与伦比的性能，也为全世界警队人员采用。

LMF II Infantry 生存刀具有较好的耐磨性和防锈性，极适合复杂恶劣的野外环境使用。刀身前端能够提供卓越的切削能力，可在野外执行切割、剥皮等精细工作；刀身后半部的齿刃在进行如切割树枝、尼龙绳索等任务上有着更好的表现。塑料手柄让刀身重量更为轻盈，超大的手指凹槽减少手部出现滑动情况，尾端可作击破器、榔头等，并可跟木棍捆绑变换成矛。

英文名称：Grber LMF II Infantry
研制国家：美国
制造厂商：戈博刀具公司
类型：生存刀

Infantry
Weapons
★★★

基本参数	
总长度	27.2厘米
刀刃长度	11.9厘米
刃厚	0.46厘米
刃宽	3.36厘米

美国卡巴 1217 军刀

卡巴1217的军用型号是USN Mark II，称为"卡巴"（Ka-bar）是因为由卡巴公司制作的最为著名。该公司的历史可追溯到1898年。但直到二战时它才开始大量为美军制造刀具。美国海军陆战队将卡巴1217作为标准的多用途刀。

卡巴1217的刀身使用1095高碳钢制造，性能比较优秀，足以承担大部分的使用方式。卡巴1217设有血槽，握柄由纯牛皮压制而成，防水性佳，且具有相当程度的防滑性，还进行了防霉处理。握柄底端为一圆滑的铁环，除可避免钩到或刮破衣服外，还常被当作铁槌使用。

英文名称：	Ka-bar 1217
研制国家：	美国
制造厂商：	卡巴公司等
类型：	军刀

Infantry Weapons
★★☆

基本参数	
总长度	30.48厘米
刀刃长度	17.46厘米
刃厚	0.4厘米
刃宽	3厘米

▲ 卡巴1217后侧方特写

▼ 卡巴1217及刀鞘

美国 M9 多功能刺刀

M9多功能刺刀是美国菲罗比斯公司为M16、AR-15、G3和FNC等北约制式枪械所研制并装备的新一代多功能刺刀。美军在1984年正式采用。刀身上具有长孔套设计,可与其刀鞘头的驻笋组合成钳子,全刀绝缘,可铰断铁丝网。

M9刺刀的刀柄为圆柱形,用美国杜邦公司生产的橄榄绿色ST801尼龙制造,坚实耐磨;表面有网状花纹,握持手感好,而且绝缘。刺刀护手两侧有两个凹槽,是启瓶器功能;刀柄尾部开一小卡槽,与枪的结合定位方法与M7式刺刀相同。该刀的刀鞘也用ST801尼龙制作。刀鞘上装有磨刀石,末端还有螺丝刀刃口,可作改锥使用。

英文名称:	Phrobis M9
研制国家:	美国
制造厂商:	菲罗比斯公司
类型:	刺刀

Infantry Weapons
★★☆

基本参数	
总长度	30.8厘米
刀刃长度	17.78厘米
刃厚	0.66厘米

▲ M9刺刀及刀鞘

▼ 分解后的M9刺刀

美国 DPx DPHSF007 折刀

DPX刀具公司的创办者是罗伯特·杨·佩尔顿。他在穿越众多大山之余开始构造创作刀具的理念,从意大利游历回来之后便设计出了众多外形美观、性能优越的刀具,DPHSF007折刀就是其中之一。DPHSF007不只是一把锋利的刀具,其设计与构造都表明这是在恶劣环境中生存和使用的最好工具。

DPHSF007 折刀刀身采用Sleipner工具钢锻造,并对其表面进行石洗工艺处理,消除刀身表面炫光并使得刀具更加防锈耐划。针尖刀头和平磨刃部让刀具拥有出色的切削和穿刺力,无论是进行战术应用或是野外求生/狩猎活动都非常出色。刀背后端拥有铁丝切割器,刀根上的独特的剥线槽可作为滚花凹槽方便使用者按压施力,使用时更具威力且能更好地进行精确切割。

英文名称:	DPx DPHSF007
研制国家:	美国
制造厂商:	DPx刀具公司
类型:	折刀

Infantry Weapons

基本参数	
总长度	19.6厘米
刀刃长度	7.6厘米
刃厚	0.48厘米
刃宽	3厘米

美国 SOG S37 匕首

S37匕首 由美国SOG特种刀具和工具公司研制，在众多评估活动中均获得了好评，并得到美国"海豹"突击队的青睐。

S37刀刃尾部有齿刃设计，方便切割绳索。刀身表面特别加上雾面防锈处理，不易反光，执行任务时有利于隐蔽。S37的用途十分广泛，刀身设计着重于前端尖刺的部分，具备超强破坏力，同时也保留了锋利的刀刃。手柄部分合乎手指的力道设计，经过严谨的测试，不但拥有十足的防火功能，更可劈、砍、攻击、突刺，也可切割多种不同种类的绳索和线材。S37使用时的噪声非常低，握刀手感舒适，比重恰当，可有效发挥使用者的力量。

英文名称：	SOG S37
研制国家：	美国
制造厂商：	SOG特种刀具和工具公司
类型：	匕首

基本参数	
总长度	31.4厘米
刀刃长	17.8厘米
重量	362.8克

▲ 黑色涂装的SOG S37匕首

▼ SOG S37匕首及刀鞘

南非伯纳德匕首

伯纳德匕首是由南非刀具设计师伯纳德·阿尔诺设计的。不少国家特种部队尤其爱这款小巧的匕首。

伯纳德匕首的设计兼具实用性和美观性。每一款刀身材质都选用来自奥地利的Bohler N690不锈钢。刀片采用精致的热处理和回火以确保绝对质量，再经过液氮处理后每一把刀片的硬度都能达到60HRC。刀具全部采用手工凹磨处理和抛光工序，并配备由南非水牛皮制成的定制刀鞘。除此之外，刀具最大的特色是采用多种特殊材料用于手柄制作，其中包括疣猪獠牙、长颈鹿骨、沙漠铁木、猛犸白齿和渍纹枫木等。

英文名称：	Bernard
研制国家：	南非
制造厂商：	伯纳德公司
类型：	匕首

基本参数	
总长度	12.5厘米
刀刃长度	5.6厘米
刃厚	0.3厘米
刃宽	1.95厘米

苏联 / 俄罗斯 NRS 侦察匕首

NRS侦察匕首也称为NRS-2，主要特点是在多用途刀具中加入了射击装置。该匕首能够割断直径达10毫米的钢线。采用绝缘刀鞘，可以用来切割电缆。此外，它还可以当螺丝起子，或者用作其他目的。

NRS侦察匕首的刀柄中有枪膛和短枪管，可以装入1发7.62×42毫米SP-4特制受限活塞子弹（PSS微声手枪使用的子弹）。枪口位于匕首刀柄的尾部。反过来握住刀柄，扣压刀柄中的扳机就能发射子弹。横挡护手上的一个缺口充当简化的瞄准装置。滑动的保险栓可以防止意外走火。不过，这个射击装置的实际作用让人质疑，为了瞄准射击，刀刃必须朝向射击者的喉咙。

英文名称：	NRS
研制国家：	苏联
制造厂商：	图拉兵工厂
类型：	匕首

Infantry Weapons
★ ★ ☆

基本参数	
总长度	28.4厘米
刀刃长度	16.2厘米
重量	350克
刀鞘重	270克
枪口初速	200米/秒
有效射程	25米

苏联/俄罗斯 AKM 多用途刺刀

AKM多用途刺刀是AK-47式步枪刺刀的改进型,是世界多功能刺刀的鼻祖。AKM刺刀无论在设计、结构还是在使用性能上都比较成功。

与AK-47刺刀不同的是,AKM刺刀装上刺刀座时刀刃是向上的,拼刺时主要是挑,而不是刺。它是一种多用途刺刀,不仅可装在枪上用于拼刺,也可取下作剪丝钳使用,还可锯割较硬的器物。目前,AKM刺刀已经发展了三代,即AKM1、AKM2和AKM3,其中AKM3仍在服役。

英文名称:	AKM
研制国家:	苏联
制造厂商:	图拉兵工厂
类型:	刺刀

Infantry Weapons
★★☆

基本参数	
总长度	27.3厘米
刀刃长度	15厘米
重量	438克

德国波尔 EOD Kilo One Para-Rescue 救援刀

EOD Kilo One Para-Rescue 是由德国波尔刀具公司设计并生产的一款救援刀,目前主要供多个国家的军队和特种部队的伞兵使用。

EOD Kilo One Para-Rescue救援刀专为野外生存或作为伞兵救援刀而制作。D2钢制作的平磨刀身拥有极佳的切削能力,又不会出现因刀尖过于锐利而造成的误伤情况,刀身外侧使用石洗手法进行处理。该刀使用米卡塔材质贴片,柄部刀条外侧使用圆磨工艺处理使手感更加圆润、更具握持感。

英文名称:
EOD Kilo One Para-Rescue

研制国家:德国

制造厂商:波尔刀具公司

类型:救援刀

Infantry Weapons
★ ★ ☆

基 本 参 数	
总长度	24.8厘米
刀刃长度	10.1厘米
刃厚	0.5厘米
刃宽	3.8厘米

德国博克 Applegate-Fairbairn 战斗靴刀

Applegate-Fairbairn战斗靴刀由德国博克刀具公司设计并生产，是一款值得信赖的野外战斗工具。

　　Applegate-Fairbairn战斗靴刀刀刃采用440C不锈钢。440C是目前刀具市场上的优质不锈钢，其强度及锋利性胜过ATS-34，含铬量高达16%～18%，是最早被刀匠接受的不锈钢，而且一直很受欢迎。它的缺点是黏性比较大，而且升温很快，但它比任何碳钢都更容易打磨。440C的退火温度很低，硬度通常达到HRC56，耐蚀性和韧性都很强。

英文名称：
Boker Applegate-Fairbairn

研制国家： 德国

制造厂商： 博克刀具公司

类型： 战斗靴刀

Infantry Weapons

基本参数	
总长度	27.8厘米
刀刃长度	14.6厘米
刃厚	0.45厘米
刃宽	2.74厘米

▲ 黑色涂装的Applegate-Fairbairn战斗靴刀

▼ Applegate-Fairbairn战斗靴刀及刀鞘

德国 LL80 伞兵刀

　　LL80伞兵刀目前是德国伞兵的制式装备。该刀设计精良，主刀靠重力原理甩出，以实现最快速度出刀，完全符合空降部队的使用要求。虽然LL80原本是为伞兵设计，但也广泛使用于警察单位、特种部队、装甲兵及空军飞行机组成员。该刀可在任何时间、任何地点、任何天气使用。重击甚至驾车碾过，都不会影响它的功能。

　　LL80伞兵刀是依据万有引力设计的。如果刀刃锁打开，刀鞘较重会下滑，刀刃便露出，呈现刃上鞘下的倒置状态。刀刃非常锋利，以便不幸吊挂到树枝等物上的伞兵切断降落伞绳。如果刀刃尖端触及伞兵的军服，刀刃会自动缩入刀鞘，以防止伞兵伤到自己。LL80伞兵刀的刀柄尾部有一直径4.5毫米的钢锥，主要用于排雷，自卫战斗时也可当作匕首使用。

英文名称：	Eickhorn LL80
研制国家：	德国
制造厂商：	Eickhorn公司
类型：伞兵刀	

Infantry Weapons

基本参数	
总长度	22厘米
刀刃长度	8.2厘米
刃厚	0.3厘米
刃宽	1.9厘米

美国"幽灵"CLS弓弩

"幽灵"CLS弓弩运用了天魄公司的最新紧凑型弓片技术,让使用者得到平滑的击发感觉,发射时的振动极小,噪声也很低。

该弩外表采用Realtree高仿真迷彩APG花型,并沿用天魄公司久经考验的扳机系统,各部件之间结合紧密有序,使弩的整体性能极为优异,不仅速度快,而且侵彻力强。安全方面,该弩设有附加握柄保险:即使打开保险,若手部没有紧握弩托底部也无法发射,从而防止意外击发。上弦助力绞盘可轻松地辅助上弦。另外,该弩内置上弦助力绞盘,可轻松地辅助上弦。

英文名称:Phantom CLS
研制国家:美国
制造厂商:天魄公司
类型:弓弩

Infantry Weapons

基本参数	
长度	97.16厘米
宽度	52.39厘米
重量	3.83千克
箭速	104.5米/秒
拉力	83千克
扳机力	1.59千克

美国"隐形者"XLT弓弩

"隐形者"XLT弓弩也是天魄公司名的产品之一。它采用专利Rollertouch扳机，打击行程约29.85厘米。该弩配备自动保险，上弦时即自动打开。与"幽灵CLS"一样，"隐形者"XLT也内置了上弦助力绞盘，帮助使用者上弦。

英文名称：	Stealth XLT
研制国家：	美国
制造厂商：	天魄公司
类型：	弓弩

Infantry Weapons ★★★

基本参数	
长度	94.62厘米
宽度	64.09厘米
重量	3.32千克
箭速	93米/秒
拉力	65千克
扳机力	2.27千克

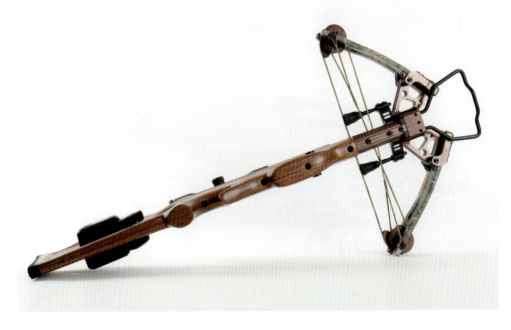

▲ "隐形者" XLT弓弩侧方特写

▼ "隐形者" XLT弓弩右侧方特写

英国"野猫"弓弩

"野猫"弓弩是巴力公司的所有产品中最为畅销的一款。该弩秉承巴力公司的传统制造精神，在体积、重量和性能上达到了完美的平衡。

巴力公司在"野猫"弓弩上最新应用的技术包括高密度防油复合弩托。它能在减轻弩身重量的同时将绞盘上弦系统（选配件）完全隐藏在弩托内，从而达到一体化效果，该技术有史以来第一次被应用在弓弩上。借助全新设计的方形弩片、高效的CNC滑轮和凸轮组合以及动力弓绳系统，使自重为2.68千克、打击行程仅有33.02厘米的"野猫"可以达到97.54米/秒的箭速。此外，"野猫"的价格也比较便宜，仅1000美元左右。

英文名称：	Wild Cat
研制国家：	英国
制造厂商：	巴力公司
类型：	弓弩

Infantry Weapons

基本参数	
箭速	97.54米/秒
打击行程	33.02厘米
扳机力	2.04千克
重量	2.68千克

▲ "野猫"弓弩左侧方特写

▼ "野猫"弓弩右侧方特写

加拿大"马克思"弓弩

"马克思"是亚瑟公司研制的威力最大的反曲弩,北美猎手几乎人手一把。经过多年不断创新设计与技术改进,亚瑟公司在不牺牲可靠性和精度的前提下,成功使反曲弩的箭速超过了107米/秒这一惊人速度。不过,威力惊人的弊端就是上弦不易,体型娇小的人就是使用助力绳也难以操作。

由于采用了亚瑟公司专利设计的击发系统,"马克思"的扳机引力只有1.4千克,为世界顶尖水平。

英文名称:Exomax
研制国家:加拿大
制造厂商:亚瑟公司
类型:弓弩

Infantry Weapons
★ ★ ☆

基本参数	
箭速	107米/秒
打击行程	41.91厘米
扳机力	1.4千克
拉力	102千克

▲ "马克思"弓弩右侧方特写

▼ "马克思"弓弩后侧方特写

第 5 章

子弹

子弹也称枪弹,指用枪发射的弹药,由药筒、底火、发射药、弹头构成。子弹是人类发明火药以来与火药有直接关联的抛射物体,于战争时可作为击杀敌人或进行物资破坏最简单的工具。尽管使用最终结果与杀戮有关,但是在利用投射能量进行猎杀、击杀、破坏的新技术或娱乐与方法问世之前,子弹仍然是人类的不二选择。

美国春田 .30-06 子弹

春田.30-06子弹是为了取代.30-03子弹，并用于M1903春田步枪。和旧式的.30-03弹相比，其弹头由圆头改为尖头，弹壳长度减少了1.8毫米。

M1普通弹是春田兵工厂于1926年推出的.30-06子弹改良型，其弹头改为尾部有9度斜角，质量增加至11.14克的重弹头，弹壳又恢复到原本.30-03子弹的长度，改良后其穿透力大增。缺点是膛压太高，弹道不稳，使枪管磨损太快。另外，对步兵来说其后坐力也太大，不易使用。

英文名称	.30-06
研制国家	美国
制造厂商	春田兵工厂
类型	步枪弹
服役时间	1906年至今
主要用户	美国

Infantry Weapons ★★★

基本参数	
全长	84.84毫米
弹头直径	7.82毫米
弹颈直径	8.64毫米
弹肩直径	11.2毫米
弹壳长度	65.35毫米
膛线缠距	254毫米

美国 .45 ACP 子弹

.45 ACP是由美国著名枪械设计师约翰·勃朗宁在1904年设计的无底缘手枪弹。研发初期，该子弹用于柯尔特的试验型手枪上。后来这种手枪被改良成M1911并被美国陆军在1911年作为制式武器。而.45 ACP也成为多种手枪及冲锋枪所使用的弹种，在两次世界大战中广泛使用，直至今日。

.45 ACP子弹的特点是拥有一枚圆钝的重弹头和较低的初速（亚音速），能够对无防护的目标造成严重杀伤，且适合有灭音器的武器使用（亚音速弹头不会产生音爆易于灭音且弹头较重能够保持亚音速飞行下的杀伤力）。

英文名称：	.45 ACP
研制国家：	美国
研发者：	约翰·勃朗宁
类型：	手枪弹
服役时间：	1904年至今
主要用户：	美国

Infantry Weapons

基本参数	
全长	32.4毫米
弹头直径	11.5毫米
弹颈直径	12毫米
弹肩直径	18.82毫米
弹壳长度	22.8毫米
膛线缠距	406毫米

美国 .50 BMG 子弹

.50 BMG是特别为勃朗宁M2重机枪发展出来的弹药，是由.30-06春田步枪子弹为基础加码放大而来的，主要用于长射程狙击步枪与其他.50口径机枪。2002年，加拿大陆军士官罗伯·佛朗（Rob Furlong）于阿富汗使用TAC-50 .50BMG狙击步枪击毙2430米外的一名基地组织分子，创下当时长程狙击的世界纪录。

.50 BMG种类繁多，其动能较大，弹道表现良好，侧风飘移情况较少。美国国防部高级研究计划局（DARPA）正在展开EXACTO计划，以.50口径的狙击用子弹，于子弹内加入微处理器和转向叶片，使子弹可以在飞行过程中修正轨迹。2020年，该计划已经成功地进行了实弹试验。

| 英文名称：.50 BMG |
| 研制国家：美国 |
| 研发者：约翰·勃朗宁 |
| 类型：重机枪弹 |
| 服役时间：1921年至今 |
| 主要用户：美国 |

Infantry Weapons
★ ★ ☆

基本参数	
全长	138.43毫米
弹头直径	12.98毫米
弹颈直径	14.22毫米
弹肩直径	18.82毫米
弹壳长度	99.31毫米

美国 5.56×45 毫米 NATO 子弹

5.56×45毫米NATO子弹由民用.223雷明顿步枪子弹提高膛压演变而来，是为步枪与机枪而设计，又称5.56NATO子弹。1970年成为北约国家的标准用弹。美军于越南战争时期开始使用，使用于包括M16突击步枪、M249机枪等在内的北约（包括美国）枪械。

5.56NATO子弹与民用.223雷明顿步枪子弹尺码几乎完全相同，不过5.56NATO子弹因为高膛压必须使用管壁较厚的枪管。民用.223雷明顿枪械使用5.56NATO需要注意枪管耐压是否能够承受，5.56NATO的膛压高于.223雷明顿甚多。军用5.56NATO枪械若使用.223雷明顿弹药则因膛压过低，影响弹道表现，需重新归零，有效距离亦显著缩短。

英文名称：	5.56×45mm NATO
研制国家：	美国
制造厂商：	雷明顿武器公司
类型：	步枪弹
服役时间：	1963年至今
主要用户：	美国

Infantry Weapons ★★☆

基本参数	
全长	57.4毫米
弹头直径	5.69毫米
弹颈直径	6.43毫米
弹肩直径	8.99毫米
弹壳长度	44.7毫米
膛线缠距	177.8毫米

俄国/苏联/俄罗斯7.62×54毫米R子弹

7.62×54毫米R子弹研发于1891年，主要用于莫辛-纳甘步枪。它和美国春田.30-06子弹相差无几，理论上有效射程都是大约1000米。该子弹还有一个特性，就是大部分的现役弹壳是用钢制的，而非一般黄铜弹壳。钢制弹壳成本优势非常明显，拥有更好的刚性而不易变形，在快速运转的机枪供弹系统中可靠性不错。

7.62×54毫米R子弹钢壳在受热后膨胀较轻，再加上该子弹弹壳锥度比较大，使得抽壳阻力较低，可在一定程度上提高自动武器工作可靠性。不过，钢壳也有一定副作用，例如对枪械磨损较大，并且对一些脆弱的部件（比如抛壳机构）冲击性强，对武器整体寿命有一定影响。

英文名称	7.62×54mm R
研制国家	俄国
制造厂商	俄罗斯帝国战争部
类型	步枪弹
服役时间	1891年至今
主要用户	俄国、苏联、俄罗斯

Infantry Weapons

基本参数	
全长	77.16毫米
弹头直径	7.92毫米
弹颈直径	8.53毫米
弹肩直径	11.61毫米
弹壳长度	53.72毫米
膛线缠距	240毫米

苏联/俄罗斯 5.45×39 毫米子弹

5.45×39毫米子弹是苏联设计的一款步枪子弹，它伴随着配套的AK-74突击步枪在1974年开始服役，并逐步取代了M43子弹的地位。

第一种5.45×39毫米子弹是5N7艇尾全金属被甲弹。弹头采用了艇尾设计，即弹头尾端中空，能诱导大气以稳定的涡流状流入弹尾。尽管大气涡流效应会产生拉力拖着弹头而降低初速，但是涡流能避免弹头于飞行途中前后滚转，从而提高精准度。5N7使用钢质弹芯，弹芯前方有小块铅质填充物，铅块与弹头被夹尖端之间留有空腔，使得弹头整体重心偏后；同时击中较硬的目标时容易使弹头变形、翻滚，强化杀伤力。

英文名称：	5.45×39mm
研制国家：	苏联
类型：	小口径步枪弹
弹壳类型：	瓶颈式无缘钢壳
服役时间：	1974年至今
主要用户：	苏联、俄罗斯

基本参数	
全长	57毫米
弹头直径	5.6毫米
弹颈直径	6.29毫米
弹肩直径	9.25毫米
弹壳长度	39.82毫米
膛线缠距	255毫米

德国 7.92×33 毫米 Kurz 子弹

二战前夕， 德国大力发展新型突击步枪，通常将其有效射程设计在400米左右，枪械设计师认为7.92×57毫米毛瑟子弹（800米以上的有效射程）对突击步枪来说其威力太大，导致后坐力大，在枪械全自动射击时难以控制，命中率也低。1938年，德国设计师推出了口径依然是7.92毫米，但总长度却是7.92×57毫米毛瑟子弹一半的新型子弹——7.92×33毫米Kurz子弹。

二战时苏军参考从德军缴获的7.92×33毫米 Kurz子弹，研制成M43子弹，后来用于AK-47突击步枪。

英文名称	7.92×33mm Kurz
研制国家	德国
类型	中间型威力枪弹
弹壳类型	无边、瓶颈
服役时间	1938年至今
主要用户	德国、南斯拉夫

Infantry Weapons

基本参数	
全长	49毫米
弹头直径	8.2毫米
弹颈直径	8.9毫米
弹肩直径	11.2毫米
弹壳长度	33毫米
膛线缠距	250毫米

德国 7.92×57 毫米毛瑟子弹

7.92×57毫米毛瑟为德国原产的军用步枪子弹，在一战和二战期间主要用于德国，主要可分成三大类，7.92×57J子弹、7.92×57IS子弹和7.92×57sS子弹。

7.92×57J子弹并非由毛瑟公司设计，而是由德国军事委员会设计出来，它是第二种由无烟火药推动的子弹，弹头是钝圆的，所以又被称为圆头弹。7.92×57IS子弹出自毛瑟公司，1905年研制出来的尖头弹（弹头重10克），由于是尖头故而穿透力更强，也因此被称为尖弹。使用枪械主要是步枪和轻机枪，包括毛瑟Kar98k步枪、Gew 41步枪和ZB26式轻机枪等。7.92×57sS子弹于一战末期研制出来，先前的毛瑟子弹采用全铅弹头，而此种子弹却在里面加上钢芯以进一步加强穿透力（弹头重12.8克），此种子弹又被称为重尖弹。该子弹主要用于机枪，其中包括MG42通用机枪、MG34通用机枪和MG15航空机枪等。

英文名称：	7.92×57mm Mauser
研制国家：	德国
制造厂商：	毛瑟公司
类型：	步枪弹
服役时间：	1905年至今
主要用户：	德国、英国、波兰等

Infantry Weapons ★★☆

基本参数

全长	82毫米
弹头直径	8.08毫米
弹颈直径	9.08毫米
弹肩直径	10.95毫米
弹壳长度	57毫米
膛线缠距	240毫米

比利时 5.7×28 毫米子弹

5.7×28毫米子弹是第一款专为个人防卫武器而设计的子弹，其性能、尺寸等各方面都达到了北约对个人防卫武器子弹要求的标准。

5.7×28毫米子弹的铜质弹壳外涂有聚合物，不但克服因高膛压与弹壳外形造成的退壳不顺，同时也确保稳定的弹匣进弹。主要特点是弹头初速高，因此能击穿军用的防弹装备。北约在2002～2003年对现有的PDW子弹、5.7×28毫米子弹及4.6×30毫米子弹进行比对测试，以决定选择何者取代9毫米子弹，结果显示5.7×28毫米子弹明显较优，建议成员国采用。

| 英文名称：5.7×28mm |
| 研制国家：比利时 |
| 制造厂商：FN公司 |
| 类型：手枪弹 |
| 服役时间：1990年至今 |
| 主要用户：比利时 |

Infantry Weapons
★★☆

基本参数	
全长	40.38毫米
弹头直径	5.7毫米
弹颈直径	6.35毫米
弹肩直径	7.9毫米
弹壳长度	29.03毫米
膛线缠距	228.6毫米

参考文献

[1] 《深度军事》编委会. 现代枪械大百科[M]. 北京：清华大学出版社，2015.

[2] 《深度军事》编委会. 单兵武器鉴赏指南[M]. 北京：清华大学出版社，2014.

[3] 军情视点. 全球单兵武器图鉴大全[M]. 北京：化学工业出版社，2016.